$CoMoO_4$基核壳纳米复合材料的构筑及其电容性能研究

王 晶 著

科学技术文献出版社
SCIENTIFIC AND TECHNICAL DOCUMENTATION PRESS

·北京·

图书在版编目（CIP）数据

CoMoO$_4$ 基核壳纳米复合材料的构筑及其电容性能研究 / 王晶著. —北京：科学技术文献出版社，2019.10（2020.12 重印）
ISBN 978-7-5189-6176-4

Ⅰ.①C… Ⅱ.①王… Ⅲ.①纳米材料—电容器—性能—研究 Ⅳ.①TM53

中国版本图书馆 CIP 数据核字（2019）第 251196 号

CoMoO$_4$ 基核壳纳米复合材料的构筑及其电容性能研究

策划编辑：周国臻	责任编辑：李 鑫	责任校对：张永霞	责任出版：张志平

出 版 者	科学技术文献出版社
地 址	北京市复兴路15号 邮编 100038
编 务 部	（010）58882938，58882087（传真）
发 行 部	（010）58882868，58882870（传真）
邮 购 部	（010）58882873
官方网址	www.stdp.com.cn
发 行 者	科学技术文献出版社发行 全国各地新华书店经销
印 刷 者	北京虎彩文化传播有限公司
版 次	2019 年 10 月第 1 版 2020 年 12 月第 2 次印刷
开 本	710×1000 1/16
字 数	202 千
印 张	11.25
书 号	ISBN 978-7-5189-6176-4
定 价	48.00 元

版权所有 违法必究

购买本社图书，凡字迹不清、缺页、倒页、脱页者，本社发行部负责调换

前　言

近些年来，由于环境污染、能源短缺，给人们的生活带来了诸多不便。因此，人们需要开发和使用清洁可持续的新能源来摆脱目前的困境。于是风能、水能、太阳能和潮汐能等清洁能源得到广泛的关注。这些能源是间断的、不连续的，需要具有高效储能性能、稳定性好的储能器件来实现对能量的存储。超级电容器由于自身具有高功率密度、快速充放电、较长的循环使用寿命、方便携带易维修、环保等优势，而成为新型的储能设备备受研究者的青睐。

本书主要探讨研究了以二元金属氧化物钼酸钴为基体的核壳结构复合材料类超级电容器电极材料的电化学性能。与单一的金属氧化物相比，钼酸钴具有高的氧化还原活性、较好的导电性、优异的倍率性能和循环稳定性等优点。但是，在已有的研究报道中钼酸钴的比电容却差强人意。为解决这个问题，本书重点研究了纳米钼酸钴材料与其他氧化物杂化构筑核壳结构的复合材料，通过两者协同效应来实现电极材料的电化学性能的显著提升。本书对这些材料的电化学性能展开研究，通过组装成器件来研究其实际应用的能力。

本书采用两步水热法成功地制备出直接生长在泡沫镍导电基底上的花状 $CoMoO_4@MnO_2$ 核壳结构复合材料。第一步是将 $CoMoO_4$ 生长在泡沫镍基底上，第二步使 MnO_2 在第一步处理后的 $CoMoO_4$ 表面原位生长，进而得到核壳结构的 $CoMoO_4@MnO_2$ 复合材料。由于复合材料特殊的纳米结构使得电极材料的比表面积增大、表面活性位点增多，从而使电解液与电极材料进行充分接触；同时，纳米级材料缩短了离子和电子的扩散路径，加快离子和电子传导。电化学性能测试表明，在电流密度为 $1\ A\cdot g^{-1}$，其比电容为 $1800\ F\cdot g^{-1}$，经 10 000 次循环后比电容的保持率为 98.6%，并且在高的电流密度（$5\ A\cdot g^{-1}$）进行 30 000 次循环后比电容仍有很高的保持率（96.3%）。本文以 $CoMoO_4@MnO_2$ 与活性炭（AC）来组装非对称电容器。在 $2\ mol\cdot L^{-1}$ KOH 电解液中，器件的电位窗口可达到 1.6 V，表现出很好的储能能力〔在功率密度为 800 W·kg^{-1} 时，此器件表现出最大的能量密度为 54（W·h）·kg^{-1}] 和高的循环稳定性（经 10 000 次循环，保持率为 84%）。

采用水热法直接在泡沫镍基底上来构建 Co$_3$O$_4$@CoMoO$_4$ 核壳结构材料。首先，将 Co$_3$O$_4$ 纳米锥作为核直接生长在泡沫镍基底上；然后，采用水热法将 CoMoO$_4$ 纳米片生长在 Co$_3$O$_4$ 纳米锥表面上，进而形成 Co$_3$O$_4$@CoMoO$_4$ 核壳结构。该核壳结构使得电极材料的比表面积和导电性得到提升。电化学性能测试结果表明，在电流密度为 1 A·g^{-1} 时，Co$_3$O$_4$@CoMoO$_4$ 核壳结构复合材料比电容为 1902 F·g^{-1}，经 5000 次循环测试后比电容的保持率为 99%。实验对全固态的非对称（Co$_3$O$_4$@CoMoO$_4$∥CNTs）器件和对称器件（Co$_3$O$_4$@CoMoO$_4$∥Co$_3$O$_4$@CoMoO$_4$）进行了研究。测试结果表明，非对称电容器具有更加优异的性能，其电压达 1.6 V，高能量密度为 50.1（W·h）·kg^{-1}，且有较好的循环稳定性。

采用水热法制备柔性的 CoMoO$_4$@NiMoO$_4$·xH$_2$O 核壳结构复合材料及柔性的 Fe$_2$O$_3$ 纳米棒电极材料，这两种材料都是以碳布为导电基底。电化学性能测试表明，CoMoO$_4$@NiMoO$_4$·xH$_2$O 具有优异的电化学性能，在电流密度为 1 A·g^{-1} 时，比电容为 1582 F·g^{-1}；当电流密度为 15 A·g^{-1} 时，比电容为 1050 F·g^{-1}。经 3000 次循环后比电容保持率为 97.1%。对该电极进行不同程度的弯曲再恢复到原来的状态时，比电容几乎没有改变（电流密度为 3 A·g^{-1}）。Fe$_2$O$_3$ 作为电容器负极材料，与碳材料相比具有更高的比电容和更宽的电位窗口。因此，以 CoMoO$_4$@NiMoO$_4$·xH$_2$O 为正极和 Fe$_2$O$_3$ 为负极来设计固态柔性非对称电容器并研究其电化学性能。电化学测试结果表明，CoMoO$_4$@NiMoO$_4$·xH$_2$O∥Fe$_2$O$_3$ 非对称器件的电压可达 1.6 V，在功率密度为 900（W·h）·kg^{-1} 时，器件的能量密度可达到 47.1（W·h）·kg^{-1}。当电流密度为 3 A·g^{-1} 时，经 5000 次循环后，比电容的保持率可高达 89.3%。

本书通过对纳米复合材料微观结构进行独特设计，不仅提高了电极材料的比表面积，而且缩短了电解液离子和电子的传输路径，减小电极材料内阻与界面电阻。另外，纳米级结构材料利于加快电解液中离子和电子与电极材料电化学反应；讨论了固态非对称和对称电容器电化学性能。笔者相信这些研究结果可帮助相关领域研究者对钼酸盐体系材料性能有一个整体的认识，对核壳结构对性能的调控影响因素、协同机制等研究具有一定指导意义。

目 录

第1章 绪 论 ··· 1
  1.1 研究目的和意义 ·· 1
  1.2 国内外研究进展 ·· 2
  1.3 超级电容器的储能原理和结构 ···························· 4
    1.3.1 双电层电容储能原理 ······························ 5
    1.3.2 赝电容储能原理 ·································· 5
    1.3.3 超级电容器器件结构 ······························ 5
    1.3.4 超级电容器分类 ·································· 7
  1.4 超级电容器电极材料和材料的制备方法 ···················· 8
    1.4.1 超级电容器电极材料 ······························ 8
    1.4.2 材料的制备方法 ································· 16
  1.5 本书研究的主要内容 ··································· 18

第2章 实验材料与分析方法 ··································· 20
  2.1 实验药品及仪器 ······································· 20
    2.1.1 实验药品 ·· 20
    2.1.2 实验仪器 ·· 22
  2.2 表征测试设备 ··· 22
    2.2.1 扫描电子显微镜 ································· 22
    2.2.2 X射线衍射 ······································ 23
    2.2.3 透射电子显微镜 ································· 23
    2.2.4 比表面积及孔径分析仪 ··························· 24
  2.3 电容性能的测试方法 ··································· 24
    2.3.1 循环伏安法 ····································· 25

  2.3.2 计时电位法 ··· 26
  2.3.3 交流阻抗法 ··· 26
  2.3.4 接触角测试 ··· 27

第3章 $CoMoO_4@MnO_2$ 核壳纳米复合材料的构筑及电容性能研究 ······· 28
 3.1 引言 ·· 28
 3.2 电极材料的制备和器件组装 ·· 29
  3.2.1 $CoMoO_4$ 花状结构材料的制备 ······································· 29
  3.2.2 MnO_2 纳米片材料的制备 ·· 29
  3.2.3 $CoMoO_4@MnO_2$ 核壳结构纳米材料的制备 ······················ 30
  3.2.4 AC 电极的制备 ·· 30
  3.2.5 器件组装 ·· 31
 3.3 制备材料的生长机制及形貌表征 ·· 32
  3.3.1 $CoMoO_4@MnO_2$ 材料的生长机理 ··································· 32
  3.3.2 $CoMoO_4$ 花状结构材料的形貌表征 ································· 34
  3.3.3 MnO_2 纳米片状结构材料的形貌表征 ······························ 36
  3.3.4 $CoMoO_4@MnO_2$ 花状结构材料的形貌表征 ······················ 37
  3.3.5 制备材料的结构表征 ··· 40
  3.3.6 制备材料的比表面积表征 ·· 41
 3.4 三电极条件下的电化学性能测试 ·· 42
  3.4.1 $CoMoO_4$ 电极材料电化学性能 ······································· 42
  3.4.2 MnO_2 纳米片状电极材料电化学性能 ······························ 44
  3.4.3 $CoMoO_4@MnO_2$ 电极材料电化学性能 ···························· 45
 3.5 两电极条件下的电化学性能 ·· 51
  3.5.1 $CoMoO_4$//AC 非对称型器件性能 ··································· 52
  3.5.2 MnO_2//AC 非对称型器件性能 ······································· 54
  3.5.3 AC//AC 对称型器件性能 ·· 55
  3.5.4 $CoMoO_4@MnO_2$//AC 非对称型器件性能 ······················· 56
 3.6 本章小结 ·· 60

第4章 Co_3O_4@$CoMoO_4$ 核壳纳米复合材料的构筑及电容性能研究 ⋯⋯ 62

4.1 引言 ⋯⋯ 62
4.2 电极材料的制备和器件组装 ⋯⋯ 63
4.2.1 Co_3O_4 纳米锥结构材料的制备 ⋯⋯ 63
4.2.2 $CoMoO_4$ 纳米片结构材料的制备 ⋯⋯ 63
4.2.3 Co_3O_4@$CoMoO_4$ 核壳复合结构材料的制备 ⋯⋯ 64
4.2.4 碳纳米管电极的制备 ⋯⋯ 64
4.2.5 器件组装 ⋯⋯ 65
4.3 制备材料的生长过程及形貌表征 ⋯⋯ 66
4.3.1 Co_3O_4@$CoMoO_4$ 材料的生长过程 ⋯⋯ 66
4.3.2 Co_3O_4 纳米锥的形貌表征 ⋯⋯ 67
4.3.3 $CoMoO_4$ 纳米片的形貌表征 ⋯⋯ 68
4.3.4 Co_3O_4@$CoMoO_4$ 核壳结构的形貌表征 ⋯⋯ 69
4.3.5 制备材料的结构表征 ⋯⋯ 73
4.3.6 制备材料的比表面积表征 ⋯⋯ 73
4.4 三电极条件下的电化学性能 ⋯⋯ 75
4.4.1 Co_3O_4 纳米锥电极材料的电化学性能 ⋯⋯ 75
4.4.2 $CoMoO_4$ 纳米片电极材料的电化学性能 ⋯⋯ 76
4.4.3 Co_3O_4@$CoMoO_4$ 电极材料的电化学性能 ⋯⋯ 77
4.5 两电极条件下的电化学性能测试 ⋯⋯ 83
4.5.1 对称型器件电化学性能测试 ⋯⋯ 85
4.5.2 非对称型器件电化学性能测试 ⋯⋯ 87
4.5.3 对称和非对称型器件性能对比和讨论 ⋯⋯ 90
4.6 本章小结 ⋯⋯ 90

第5章 柔性 $CoMoO_4$@$NiMoO_4 \cdot xH_2O$ 核壳纳米复合材料的构筑及其电容性能研究 ⋯⋯ 92

5.1 引言 ⋯⋯ 92
5.2 电极材料的制备和器件组装 ⋯⋯ 93
5.2.1 $CoMoO_4$ 纳米线结构材料的制备 ⋯⋯ 93

5.2.2　$NiMoO_4 \cdot xH_2O$ 纳米片结构材料的制备 …………… 94
　　5.2.3　$CoMoO_4@NiMoO_4 \cdot xH_2O$ 核壳结构材料的制备 …… 94
　　5.2.4　Fe_2O_3 纳米棒的制备 …………………………………… 94
　　5.2.5　器件组装 ………………………………………………… 95
5.3　制备材料的生长过程及表征 …………………………………… 96
　　5.3.1　制备材料的生长过程 …………………………………… 96
　　5.3.2　$CoMoO_4$ 纳米线的形貌表征 …………………………… 97
　　5.3.3　$NiMoO_4 \cdot xH_2O$ 纳米片的形貌表征 ………………… 98
　　5.3.4　$CoMoO_4@NiMoO_4 \cdot xH_2O$ 核壳结构的形貌表征 … 100
　　5.3.5　制备材料的结构表征 …………………………………… 103
　　5.3.6　制备材料的比表面积表征 ……………………………… 104
5.4　三电极条件下的电化学性能 …………………………………… 105
　　5.4.1　$CoMoO_4$ 电极材料的电化学性能 …………………… 106
　　5.4.2　$NiMoO_4 \cdot xH_2O$ 电极材料的电化学性能 ………… 107
　　5.4.3　$CoMoO_4@NiMoO_4 \cdot xH_2O$ 电极材料的电化学性能 … 108
　　5.4.4　Fe_2O_3 电极材料的电化学性能 ……………………… 115
5.5　两电极条件下的电化学性能和柔韧性研究 …………………… 118
　　5.5.1　非对称型器件电化学性能 ……………………………… 118
　　5.5.2　非对称型器件稳定性研究 ……………………………… 121
5.6　本章小结 ………………………………………………………… 123

第6章　壳聚糖水凝胶辅助煅烧法制备电化学性能优异的 $CoMoO_4$-$NiMoO_4$ 杂化纳米片 …………………………………………………………… 124

6.1　引言 ……………………………………………………………… 124
6.2　电极材料的制备和组装 ………………………………………… 125
　　6.2.1　壳聚糖水凝胶珠的制备 ………………………………… 125
　　6.2.2　壳聚糖辅助合成的 $CoMoO_4$ 纳米片和 $CoMoO_4$ 的制备
　　　　　………………………………………………………………… 126
　　6.2.3　壳聚糖辅助 $NiMoO_4$ 纳米片和 $NiMoO_4$ 的制备 …… 126

6.2.4 壳聚糖水凝胶改性 $CoMoO_4$-$NiMoO_4$ 和 $CoMoO_4$-$NiMoO_4$ 的制备 ………………………………………………… 126

6.2.5 $CoMoO_4$-$NiMoO_4$ 电极和交流电极的制备 ………… 127

6.2.6 全固态非对称型器件组装 …………………………… 127

6.2.7 电化学测量 …………………………………………… 127

6.2.8 材料特征 ……………………………………………… 128

6.3 结果与讨论 …………………………………………………… 128

6.4 结论 …………………………………………………………… 138

第7章 结 论 ………………………………………………………… 140

附 录 ………………………………………………………………… 142

参考文献 …………………………………………………………… 147

第1章
绪　论

1.1　研究目的和意义

目前人们日常生活中使用的能源主要来自于化石燃料的燃烧，然而，化石燃料是不可再生资源并且其在地球中储量也很有限。这些化石燃料在给人类带来所需能量的同时，也会排放一些有毒有害物质，从而对人类的生存环境造成污染。为解决目前存在的能源问题，一些新型清洁能源，如风能、水能、核能、太阳能等备受人们关注。但这些清洁能源是间断的、不连续的，需要具有高效储能性能、稳定性好的储能器件来实现能量的储存。因此，科研工作者们研究了多种类型的储能器件，如常见的太阳能电池、已经上市的锂离子电池和人们正在不断开发研究的超级电容器等。这些储能器件要想在大型电动车辆、公交车、后备储蓄电源上应用，需要能够提供高的功率密度和能量密度的存储器件。虽然小型、质轻便于携带的高能量密度的锂离子电池已被广泛用在便携式电子器件，如笔记本电脑、手机、摄像机电池等。日常生活中人们所用的动力蓄电池存在着循环寿命短、功率密度小等问题。电容器能够解决上述出现的问题而成为研究热点。

电化学电容器（Electrochemical Capacitor，EC），也称超级电容器（Supercapacitor），它具有的能量密度要高于传统的普通电容器，但低于现在已经市场化的锂离子电池。因此，提高其能量密度是目前研究需要解决的问题。超级电容器的比容量可以达到几百法拉甚至上千法拉、具有较宽的使用温度范围、充放电速度快、循环使用寿命长等优越的电化学性能。根据它具有高功率密度特性可以将其用来对一些高功率辅助仪器提供能量，还可以供给较大的电流；循环使用寿命高达上万次，目前有报道其稳定性能达到100

万次；具有较长的使用寿命，可以长时间放置，并且性能依然优异；还可以在-40~70℃的温度范围内进行调控使用。超级电容器因其具有符合时代需求的多方面优点，也顺应了时代的需求，由于其在未来实际应用方面具有潜在的价值，其市场需求也正在不断扩张。

钼酸钴作为电容器电极材料具有较高的导电性、循环稳定性、氧化还原活性和较好的倍率性能，并且我国钼资源储量较为丰富，为该元素的研究和开发与其他元素进行结合制备复合电极材料提供物质基础。本书设计钼酸钴结构，并通过电化学性能的测试来探索结构和材料的选择与性能相互关系；探讨了单一电极的电化学性能，并对其柔韧性进行探索，也对影响材料的性能的因素进行讨论。先是研究电极材料作为正极材料的单一电极性能，对其结构与性能之间的影响，并给予数据证明。通过实验制备电极材料与负极材料匹配来组装对称型和非对称型器件，测试所制备电极材料的实际应用能力。研究电极材料与负极材料在液态电解质条件下的电化学性能，测试单一材料及复合材料与负极材料匹配的电化学性能，总结出非对称型器件性能较为优异。在后续工作中进一步研究了在固态电解质条件下的对称和非对称型器件的性能，总结出非对称型器件性能较优异，因其能够提高器件的比容量和电压窗口，从而有利于提高器件的能量密度，解决电容器领域待解决的能量密度低的问题。柔性固态微小型便携式器件将是未来电能存储的主要设备，在本书也研究了柔性固态电解质条件下小尺寸器件的电荷存储能力，结果表明其是优异的电能存储器件。

1.2 国内外研究进展

自1957年，有关电化学电容器的第一篇专利被报道以来，它的研究便引起了人们的不断关注。最开始，被研究的最多的是小型的也就是尺寸较小的超级电容器，其容量值也较低，只有几法拉；1978年后，相关公司也随即不断开发和研究电容器。例如，进入20世纪80年代后出现的NEC公司及ELNA公司等都在该领域兴起了一股研究热潮。由于人们日常生活对电动汽车需要，小尺寸的电容器已不能满足大型电动汽车等对高能量密度的储能。所以，开发和研究大尺寸的新型电容器成为该领域的新热点。对于其的探索研究已经不断深入各个国家的科学研究计划中。例如，俄国、日本及一些欧美国家和地区将电容器的研究归入国家级别的科学探究计划。

自从 1991 年开始，美国就与来自世界各国的科学工作者探讨电容器开发研究的未来前景，会议结束后还制订相关计划以备未来进一步开发研究。总结如图 1-1 所示，日本也制定了有关电容器研讨会，并将电容器领域归为国家重要的"新阳光"计划主要研究系列。世界欧盟组织以 Saft 为引领共同制订了关于高能量密度的电容器在大型电动车蓄电池方面的研究计划。我国从 20 世纪 90 年代开始制定的"十五""十一五""863"等计划专题，将电动车开发专项、纳米材料主题研究课题及特种功能材料的技术开发研究等列入重要研究对象。

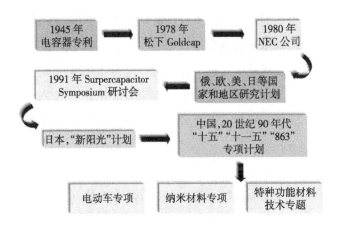

图 1-1　超级电容器国内外研究现状

Fig. 1-1　The supercapacitor research status at home and abroad

目前，国内外生产电容器成品的有关国家主要有德国、韩国、美国、俄罗斯、日本及澳大利亚等。自 20 世纪 90 年代以来，我国的相关企业也出现了生产电容器的一些商家，如 C/C 卷饶炭粉（锦州公司）、东莞的新能源 C/C 卷饶小型、哈尔滨巨容公司的 C/Ni（OH)$_2$、北京集星公司的 C/C 卷饶炭布及宁波双登公司的 C/Ni（OH)$_2$ 电容器存储装置等。一些高校和科研院所也对该项研究不断重视，如国内的清华大学、复旦大学及中国人民解放军防化研究院等也在不断投入研究。从整体研究水平来看，我国在该领域的技术研究方面要比其他国家弱一些。因此，着手开展超级电容器及新型材料的开发研究，提高其能量密度等技术水平对未来能源存储领域的开发具有十分重要的意义。作为一种新型的储能元件，超级电容器在未来电动汽车蓄电池使用、移动通信微小型电池及国防科技等领域将有着潜在的应用前景。

电容器的储能原理分为双电层电容和赝电容两种方式。双电层电容是电极材料与电解液在界面处的离子或偶极子及电子在电极材料两侧的定向排列形成电容。而赝电容是在电极材料与电解液中的离子和电子进行了可逆的吸脱附氧化还原反应过程而进行的能量存储。

1.3 超级电容器的储能原理和结构

电容器是一种在静电场条件下存储能量的能源器件。它的充电过程是通过给整个器件施加电压形成电位差（电压），正极和负极之间的电荷在电极材料表面向相反极性运动的过程。充电时，电容器在短时间内像一个电源一样连接形成了一个闭合回路。它的比容量用 C 表示，单位 F；每个电极表面电荷量 Q；两个极板之间的电势差 V，单位 V，这 3 个量之间有这样的一个关系式：

$$C = Q/V \qquad (1-1)$$

电容大小与每一个电极的面积（A）和介电常数（ε）成正比；与两极的相对距离是反比关系。因此有式（1-2）：

$$C = \varepsilon_0 \varepsilon_r A/D \qquad (1-2)$$

式中，ε_0 为两极介电常数，ε_r 为两极的相对介电常数。影响因素包括平板面积、两个电极板之间的距离及中间绝缘板的介电常数。表征电容器的性能参数物理量主要包括能量密度（E）和功率密度（P）。能量密度 E 与存储电荷 Q 和两个电极的电位差 V 相关。因此也直接与电容密切相关：

$$E = 1/2 \times CV^2 \qquad (1-3)$$

当电压最大的时候，获得的能量最大。电压的大小受中间绝缘体击穿强度影响。而功率密度 P 代表单位时间内传输能量，因此功率密度与能量密度之间存在如下关系：

$$P = E/t \qquad (1-4)$$

1.3.1 双电层电容储能原理

双电层理论是由德国物理学家亥姆霍兹（Helmholtz）提出的，当将电极材料放入电解液中，就会在两者之间的界面处形成相反电荷的定向排列，也就是在两相间会形成电位差而储存电能。双电层电容是由于静电电荷借助于固液界面来构建双电层进而完成能量的储蓄和转化。在电极材料与电解液的界面处只是离子和电荷的静电吸附，这是非常迅速的过程，因此，能够快速完成能量存储和释放，从而具有很好的功率特性和快速充放电特点。

1.3.2 赝电容储能原理

法拉第赝电容原理是由 B. E. Conway 首次提出：它是指被研究的电极材料在通电条件下在材料表面和体相中的一种欠电位沉积过程。法拉第反应不只是研究对象的体相中的部分的活性位点发生反应，而是所有的地方都发生反应。特别是当通过电极电流比较大时来进行电化学性能的研究时，这种情况将更加明显。因此，制备出具有大的比表面积电容材料会在其表面有更多的表面活性位点，在进行电化学反应过程中会有更多的活性材料参与反应的进行，从而在材料表面存储更多的电荷，而且实际法拉第所储存的比容量是由法拉第容量和双电层容量共同贡献的。

1.3.3 超级电容器器件结构

超级电容器结构类似于电池结构，也是由导电集流体、正负极材料、提供离子和电子反应的电解液，以及防止器件短路的隔膜等构成。超级电容器各个部分如图 1-2 所示。

（1）导电集流体

实验中常用的导电集流体有泡沫镍、铜网、铝网等。对于导电集流体，要求导电性要好，在电化学反应过程中不与电解液及电极材料发生反应。市售的导电集流体，由于表面可能会被氧化，会影响电极材料导电性，并且被

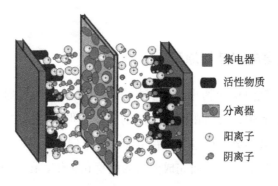

图 1-2　超级电容器的结构

Fig. 1-2　The structures of the supercapacitors

氧化的导电集流体在进行电化学测试过程中会产生部分容量，影响后续电化学性能测试，使得电极材料的真实比容量及能量密度等无法得到准确值。因此，导电集流体通常在作导电基底使用之前，要对其表面进行简单的预先处理，去除表面氧化成分和油渍。

（2）电极材料

电极材料能够影响超级电容器的化学电动势、比容量、能量密度、功率密度及充放电特性等。因此，对于电极材料要求其自身具有较好的导电性、高的理论比容量，在电解质中具有较好的化学稳定性，在电解液中能够较好地传递离子和电子，有较好的离子和电子传递速率；在电极材料与电解质界面处或体相中能够进行离子嵌入与脱出；能进行快速的电化学反应等。

（3）电解质

电解质由溶剂和高浓度的电活性物质或者电解质盐混合组成，对超级电容器的各个性能都有一定影响。电解质的使用温度范围要宽，从而实现在宽温度范围内的工作环境下使用；电解液中离子的尺寸要小，与电极材料的孔径大小匹配（对于双电层原理）；电解液要环保，对生活环境无污染。此外，电解液的分解电压大小会决定器件在使用过程中的工作电压大小范围。而电解液的电压范围又与电解液成分有关。目前电解质有两类：固态电解质和液态电解质。其中，液态电解质的使用范围比较广泛，与电极相匹配，可以选择水系、有机体系、离子液体等。水系电解质的优点在于具有较低的内阻、相对高的电导率、相对便宜的价格等。而根据酸碱性的不同，又可以将水系电解质分为酸性、中性和碱性电解质等。由其对于酸性电解质和碱性电解质的研究，已有多篇文献进行报道，其中酸性电解质的典型代表是硫酸溶液。这类电解质能够在水中充分地电离出离子和电子，内阻低，具有较好的导电性等。在这种强酸性电解质中，就不能采用镍网等能溶于电解质中的导电集流体，因为其会造成电解质泄漏，引起腐蚀，以及破坏工作环境等。中性电解质相对比较温和，腐蚀性也小，常用的中性电解质有 NaCl、KCl、$LiClO_4$、Na_2SO_4 等。而对于 NaCl 和 KCl 这两种电解质而言，泡沫镍在这两种电解质中如果长时间浸泡放置，会与 Cl^- 发生化学反应，会有绿色的絮状物沉淀生成。因此含有 Cl^- 的电解质不适合以泡沫镍作导电基底。文献报道其在钴镍等的化合物中使用 KOH 溶液比较多，浓度一般在 1~6 mol/L 为最佳。

(4) 隔膜

它能够将电容器的正负极分开，使得正负极的电化学反应过程互不干扰。对于隔膜要求它能够较好地浸润在电解液中，并且能够在电解液中稳定的存在以防止两极短路。

1.3.4 超级电容器分类

超级电容器根据对能量的存储方式的不同分为双电层电容器和法拉第赝电容器。而后者根据正负极存储能量方式是否相同可分为对称型混合电容器和非对称型混合电容器。

目前，人们研究电容器在实际中应用的主要难题是对电容器的能量密度的提升。而非对称型混合电容器（以下简称非对称型电容器）是一种高工作电位窗口的电容器。它能够充分将正极及负极电压升至最大值。这样的两个不同电极进行协同匹配，能够实现器件的最大电压窗口范围，从而能够达到提高能量密度的目的。此外，非对称型电容器的正负极不同，其循环稳定性、充放电时间、电阻大小，以及功率和能量密度大小整体会受赝电容储能机制所影响。对于其性能测试一般包括循环伏安、恒电流充放电、电化学阻抗及循环稳定性的测试等。

1.4 超级电容器电极材料和材料的制备方法

1.4.1 超级电容器电极材料

（1）碳材料

碳材料作为电容性能研究的材料是该领域中应用相对较成熟的体系材料，在自然界中碳材料通常也存在多种状态的同素异形体，如硬度较大的金刚石、纳米级石墨材料，以及具有较好导电性和大比表面积的碳纳米管和富勒烯材料等。碳材料根据实际生活需要可以制成多种多样的形态，如碳纤维、碳布、粉末碳及颗粒状态等，并且碳材料对电解液的要求也很温和，即在酸或碱性溶液中及不同温度条件下都可以使用。用来作为碳电极活性材料的主要有活性炭纤维、碳纳米管、炭黑、碳布、玻璃碳及碳气凝胶等。目前，石墨烯作为电极材料的研究成为一个热点，其制备和合成方法也多种多样。然而碳材料自身的比容量一般在 200 $F \cdot g^{-1}$ 左右，并且石墨烯的制备过程相对复杂、产量也相对较低，这相对于金属氧化物及导电聚合物来说要低很多从而会限制其在实际中的应用范围。

（2）导电聚合物

人们在对导电聚合物进行电化学性能研究过程中发现该材料可进行快速可逆 n-型或者 p-型元素的掺杂及去掺杂而发生着赝电容反应特性。人们研究的导电聚合物主要包括聚苯胺、聚噻吩、聚吡咯及其复合物等。这类电极材料在进行电化学反应过程中也会伴随着材料的体积膨胀，材料容易从导电基底表面脱落从而导致不足量的电极材料参与到电化学反应中，最终导致循环稳定性差等问题出现。并且导电聚合物在制备过程中产生的一些中间产物较难进行去除，提纯过程较为不易，另外，材料自身也具有一定的污染性。因此，导电聚合物从其制备及其性能，如循环稳定性等都有待提高。这也是导电聚合物作为电极材料难以实现商业化成品使用的重要原因。

（3）金属氧化物及其复合材料

金属氧化物作为电极材料是以法拉第赝电容的形式进行电荷的存储。因此，金属氧化物要比碳材料表面的双电层电荷存储方式储存的电能更多—

些。材料表面发生的可逆反应能够相对快速地进入电极材料内部，因此其对于能量存储能够存在于体系材料的二维空间中。

目前，人们研究的金属氧化物包括过渡金属（氢）氧或硫化物及其水合物，如 RuO_2、NiO、NiS、$Ni(OH)_2$、Co_3O_4、$Co(OH)_2$、$RuO_2 \cdot xH_2O$ 等；过渡金属氮化物，如 VN；过渡金属-磷合金，如 $Ni-P$ 等；一些过渡金属所形成的水合物及无机盐等，如 $NiMoO_4 \cdot H_2O$、$NiMoO_4$、$MnCoO_4$、$NiFeO_4$ 等。其中，RuO_2 被报道为比较适合作为电容器电极材料，是因为其具有电导率高、在硫酸电解液中的稳定性好、理论比容量高等优点，是人们目前研究的最为理想的电极材料。但是 Ru 属于贵金属元素，并且 RuO_2 的孔隙率不高，这将限制其在现实中的使用。为此，人们正努力去寻找其他新型的电极材料来替代 RuO_2。目前，研究比较多的是 NiO、Co_3O_4 和 MnO_2 及它们的氢氧化物或者水合物。例如，Kyung 设计多孔 NiO_x 薄膜电极材料，对其单一电极材料进行测试研究发现其比容量可达到 277 $F \cdot g^{-1}$。Liu 等研究了片状 Co_3O_4 的单一电极电容性能，通过测试其在三电极体系中比容量为 490 $F \cdot g^{-1}$。Anderson 等采用电化学沉积法及溶胶凝胶法制备 MnO_2 电极材料。在相同条件下研究该电极材料在三电极体系中的电容性能，测试结果证明了溶胶凝胶制备的 MnO_2 比容量大小要比电化学沉积的方法高出 30%，经计算其比容量为 698 $F \cdot g^{-1}$，并且测试 1000 次循环后 MnO_2 比容量保持率为 90%。镍、钴、锰 3 种类型的电极材料的氧化物、氢氧化物及混合物等的电化学性能也存在着优点与不足的问题。以金属镍的氧化物及其氢氧化物作为电容材料一般其单一电极在三电极体系中测试得到的比容量相对于其他材料要高，然而该材料体系的倍率性能在不同电流密度条件下测试表明其衰减较严重，并且其循环稳定性也需要提高。金属钴的氧化物及其氢氧化物电极材料的电容性能虽然在倍率性能及循环稳定性要优于其他电极材料，但其比容量却不尽如人意。锰类材料是典型的电容特征材料，由于该类材料在碱性的电解液中却极其不稳定，因此文献报道其多数是在中性电解液中测试。近年来，具有特殊结构的复合材料由于能够融合各自的优点，这极大激发了研究者的兴趣。因此，科研工作者对于电极材料的研究也倾向于复合材料的研究，以及对材料特殊结构的设计。

钼酸盐的化学通式为 M_aMoO_b，M 是价态为一价或者二价的金属离子，代表着一系列能够稳定存在的钼酸盐。该材料的获得可以将钼的氧化物和其他金属氧化物共同混合经过熔融处理也能够得到相应的钼酸盐。因此，钼酸盐可以将其看成是氧化钼和金属氧化物在一定条件下获得的它们的复合物。钼酸盐材料自身还具有一些其他独特的优异性能，如光、电特性能够在催化、气体传感、光学纤维制备、微波辅助及闪烁材料等研究都具有重要的应用意义。而且，其优异的电化学性能使得其在电容器领域也备受很多科研工作者们的关注。因此，$MMoO_4$ 也成为备选易于携带、质轻、高容量、大功率的电极材料比较理想的材料之一。Liu 等报道了通过水热法制备的纳米棒状 $CoMoO_4 \cdot 9H_2O$（图 1-3），图 1-3 a 和图 1-3 b 分别为 $CoMoO_4 \cdot 9H_2O$ 纳米

a 低倍　　　　　　　　　　　b 高倍

图 1-3　$CoMoO_4 \cdot 9H_2O$ 纳米棒的 SEM 照片

Fig. 1-3　SEM images of the $CoMoO_4 \cdot 9H_2O$ nanorods

棒的低倍和高倍的 SEM 照片。实验中还进一步研究了制备的 $CoMoO_4 \cdot 9H_2O$ 纳米棒（图 1-4），电容器性能测试表明，经过 5 $mA \cdot g^{-1}$、10 $mA \cdot g^{-1}$、20 $mA \cdot g^{-1}$、30 $mA \cdot g^{-1}$、40 $mA \cdot g^{-1}$ 和 50 $mA \cdot g^{-1}$ 电流密度条件下进行充放电测试，容量并没有发生明显改变，容量分别为 326 $F \cdot g^{-1}$、293 $F \cdot g^{-1}$、269 $F \cdot g^{-1}$、252 $F \cdot g^{-1}$、242 $F \cdot g^{-1}$ 和 224 $F \cdot g^{-1}$。电极电化学性能，其结果表明，所合成 $CoMoO_4 \cdot 9H_2O$ 纳米棒电极具有优异的循环稳定性、倍率性能及导电性。通过大量文献分析发现，一维结构材料具有优异的电化学性能的原因是较短的离子扩散路径，能够加快离子嵌入和脱出，从而加快了法拉第反应速率。

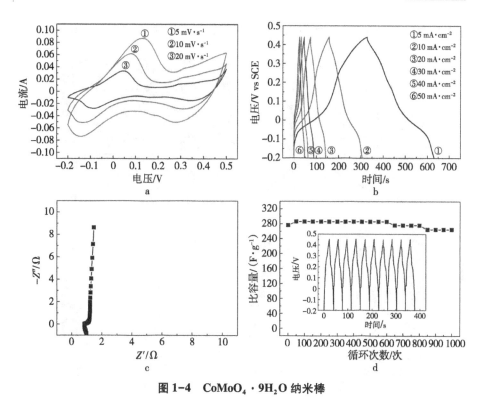

图 1-4 CoMoO$_4$·9H$_2$O 纳米棒

Fig. 1-4 Electrochemical properties of CoMoO$_4$·9H$_2$O nanorods

a CV curves; b charge/discharge curves; c Complex-plane impedance plots; d Cycling performance

从图 1-4 c 可以看出在高频区域半圆很小为 0.851 Ω·cm^{-2}，说明 CoMoO$_4$·9H$_2$O 纳米棒作为电极材料的导电性较好，同时，低频区域的直线代表扩散阻抗，曲线斜率接近 90°，说明 CoMoO$_4$·9H$_2$O 纳米棒材料的 Warburg 阻抗较小，这将有利于电解液中的离子和电子能在电极材料表面进行很好的扩散。从图 1-4 d 可以看出当电流密度为 5 mA·g^{-1} 时，对 CoMoO$_4$·9H$_2$O 纳米棒材料循环测试 1000 次充放电后，比电容保持率为 96%，说明该材料具有很好的循环稳定性。

Guo 等用水热法制备了 CoMoO$_4$ 纳米片阵列，如图 1-5 所示。从图 1-5 可以看出在泡沫镍导电基底上附着的纳米片相互交错有很多孔存在。Guo 等对合成材料的电化学性能进行测试，结果进一步证实了所设计的纳米片阵列具有优异的电化学性能（在 5 mV·s^{-1} 时，比容量为 2526 F·g^{-1}）。该研究也证实了通过从电化学反应的最基本的角度去设计构筑特殊结构的电极材料，以及恰当的材料选择有利于得到性能优异的材料，达到实际应用的目的。

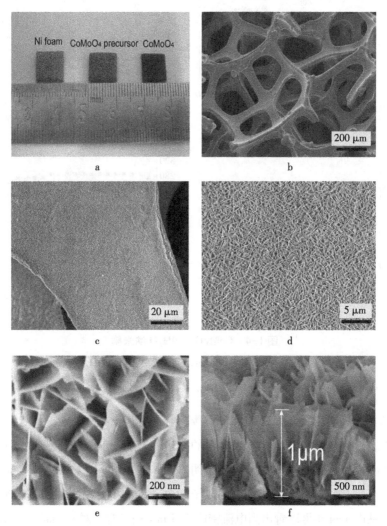

图 1-5 水热法制备 CoMoO₄ 纳米片阵列

a 镍基底、生长在镍基底上的 CoMoO₄ 前驱体和 CoMoO₄ 纳米片阵列的光学图像；b 镍骨架的三维结构 SEM 图片；c~e 生长在泡沫镍基底上的 CoMoO₄ 纳米片阵列的低倍和高倍的 SEM 图；f 实验中制备的 CoMoO₄ 纳米片阵列的侧面

Fig. 1-5 Hydrothermal preparation of CoMoO₄ nano chip array

a Optical image of Ni foam substrate, CoMoO₄ precursors grown directly on Ni foam and CoMoO₄ NPAs on Ni foam; b SEM images of the 3D structure of bare nickel foam; c~e Low and high magnification images of CoMoO₄ NPAs on the nickel foam; f CoMoO₄ NPAs from the side view

第 1 章 绪 论

从图 1-6 可以进一步看出纳米片阵列的性能很优异,具有很高的比容量,随着扫描速度的增加,循环伏安曲线面积增大;根据循环伏安曲线面积算其面积比容量和质量比容量,得到的数据如图 1-6 a、图 1-6 b 所示。在 5 mV·s^{-1} 时,比容量为 2526 F·g^{-1}。测试 CoMoO$_4$ 纳米片阵列电极材料在不同电流密度条件下的比容量发现其性能优异,并且其计算数值与按照循环伏安曲线方式得到的数值接近,如图 1-6 c、图 1-6 d 所示,这说明合理的结构设计能够提高材料性能。另外,构筑具有特殊结构的纳米复合金属氧化物也激发了人们极大兴趣。由于复合电极材料彰显了比单一金属氧化物更为

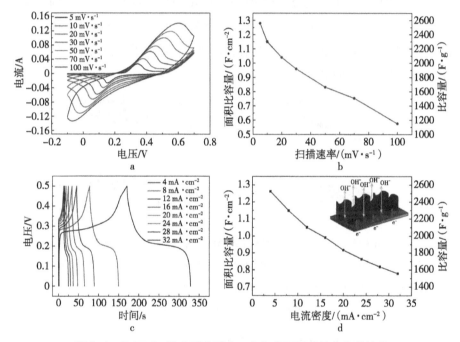

图 1-6　CoMoO$_4$ 纳米片阵列在一定条件下测试的电化学性能

a CoMoO$_4$ 纳米片阵列在不同扫速下的循环伏安曲线;b CoMoO$_4$ 纳米片阵列在扫速条件下的面积比容量;c CoMoO$_4$ 纳米片阵列电极在不同电流密度条件下的充放电曲线;d CoMoO$_4$ 纳米片阵列在不同电流密度条件下的面积比容量,插图为热处理后的 CoMoO$_4$ 纳米片阵列的实际应用机制

Fig. 1-6　The electrochemical characterization of CoMoO$_4$ NPAs in the experiments

a CV curves of CoMoO$_4$ NPAs at various scan rates; b ASC of CoMoO$_4$ NPAs at various scan rates; c Charge-discharge curves of the CoMoO$_4$ electrode at different current densities; d ASC of CoMoO$_4$ NPAs at various discharge current densities and inset is schematic of the application advantages of the annealed CoMoO$_4$ NPAs on Ni foam

优异的电化学性能和更高的比容量。

Mai 等用微乳液方法制备出直径为 500 nm、长为 10 μm 的 $MnMoO_4$ 纳米棒，并以该纳米棒为基体，通过简单回流方法在 $MnMoO_4$ 纳米棒上合成了直径为 50 nm 的 $CoMoO_4$ 纳米棒，从而制备出异质结构的 $CoMoO_4/MnMoO_4$ 纳米线。$CoMoO_4/MnMoO_4$ 纳米线的结构和相应的生长过程如图 1-7 所示。其比容量数值表明该异质结构的电极材料要优于单一的 $CoMoO_4$、$MnMoO_4$ 及混合状态的 $CoMoO_4/MnMoO_4$ 复合材料的性能，显示了通过对过渡金属氧化物进行特殊纳米结构的构筑能够提升其电化学性能。Liu 等也报道说明 $CoMoO_4-NiMoO_4·H_2O$ 复合材料比单一的 $CoMoO_4$ 材料容量增大，同时又比单一 $NiMoO_4$ 的倍率性能好。这些例子都很好的证明，制备出具有优异电容性能的电极材料必须设计构筑出具有合适离子扩散通道、快速电子转移能力等优点的特殊结构的复合材料。

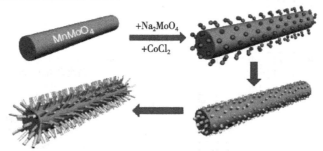

图 1-7 $CoMnO_4/MnMoO_4$ 纳米线的结构和相应的生长过程

图中纳米线为 $MnMoO_4$ 纳米线，棒状结构为 $CoMoO_4$ 纳米棒，小圆球为分散到溶液中的不同的离子

Fig. 1-7 The building of hierarchical $MnMoO_4/CoMoO_4$ nanowires

The nanowires in the picture represents the backbone $MnMoO_4$ and the round represent ions in the solutions

图 1-8 给出了单一电极材料的充放电曲线，与制备的这两种材料的复合材料相比，在相同条件下的测试数据显示：复合材料的放电时间更长，表明

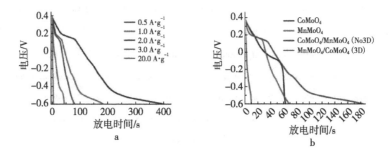

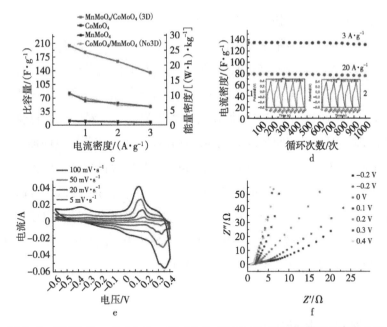

图 1-8 MnMoO₄、CoMoO₄、MnMoO₄/CoMoO₄ 电极材料的充放电曲线

a 分级 MnMoO₄/CoMoO₄ 异质结构纳米线电极材料在不同电流密度条件下的充放电曲线测试；b MnMoO₄、CoMoO₄、MnMoO₄/CoMoO₄ 纳米复合材料、MnMoO₄/CoMoO₄（3D）电极材料在电流密度为 1 A·g⁻¹ 条件下的恒电流充放电测试；c 不同电极材料在不同电流密度条件下的比容量和能量密度的测试；d MnMoO₄/CoMoO₄（3D）电极在不同电流密度 3 A·g⁻¹ 和 20 A·g⁻¹ 条件下的充放电循环性测试 1000 圈，比容量衰减率为 98%，插图为充放电测试过程中第 1 圈和最后 5 圈在电流密度为 3 A·g⁻¹ 条件下的恒电流充放电测试；e MnMoO₄/CoMoO₄（3D）电极材料的循环伏安曲线测试；f MnMoO₄/CoMoO₄ 电极材料的阻抗图

Fig. 1-8 MnMoO₄、CoMoO₄、MnMoO₄/CoMoO₄ charge discharge curve of electrode materials

a Galvanostatic charge-discharge curves of hierarchical MnMoO₄/CoMoO₄ heterostructured nanowire electrodes at different current density; b Galvanostatic charge-discharge curves of MnMoO₄, CoMoO₄, MnMoO₄/CoMoO₄ nanocomposite, MnMoO₄/CoMoO₄ (3D) electrodes at current density of 1 A·g⁻¹; c Specifc capacitance and energy density of different electrodes at different current density; d Charge-discharge cycling test of MnMoO₄/CoMoO₄ (3D) electrodes at the current density of 3 A·g⁻¹ and 20 A·g⁻¹, showing 2% loss after 1000 cycles, inset shows the galvanostatic charge-discharge cyclic curves of the first and five cycles at 3 A·g⁻¹; e Cyclic voltammogram curves of MnMoO₄/CoMoO₄ (3D) electrodes; f AC impedance plots of MnMoO₄/CoMoO₄ electrodes

其具有更高的比容量，如图1-8 a和图1-8 b所示。图1-8 c为单一电极材料和复合电极材料的能量密度和比容量的对比，也可以看出这种分级结构的复合$MnMoO_4/CoMoO_4$纳米线电极材料具有更优异的电化学性能。图1-8 d为该复合电极在不同电流密度条件下的循环稳定性研究，可以看出比容量损失率只有2%。通过图1-8 e的循环伏安曲线测试可以看出合成材料为赝电容储能原理，因其具有明显的氧化还原峰存在，并且随着扫速增加，峰电流和曲线面积均增加，说明其具有在大扫速下仍然能存储更多的电荷，反应加快。图1-8 f为对该材料研究其在不同电压条件下的阻抗测试，可以看出随着电压增加，阻抗逐渐减小。这说明该电极材料也适合在较大电压条件下的电荷存储。以上结果都证明了电极材料的选择对于性能影响很重要，并且结构的设计对于性能的提高也起着重要的作用。

1.4.2 材料的制备方法

根据不同的反应类型可分为物理法制备和化学法制备，这也是一种相对比较常见的分类方法。化学法通常包括溶胶-凝胶法、模板法、微乳液法、沉淀法、光化学合成法、溶液热反应法、水热法（或溶剂热法）、溶液蒸发法、电化学沉积法、溶液还原法、超声合成法、辐射合成法；化学气相法通常包括人们常用的等离子体诱导化学气相沉积法、激光诱导化学沉积法、超临界流体技术、火焰水解法、热熔融法、化学气相沉积法等。实验室中制备材料常用的几种方法有溶胶-凝胶法、气相沉积法、固相法、水热法。

（1）溶胶-凝胶法

溶胶-凝胶法是近期不断发展起来的一种低温制备纳米材料的化学方法。它是通过把金属醇盐及其无机盐经过水解或者熔融后形成的一种类似凝胶状的混合物，然后进一步凝胶化处理后再经过高温热处理得到所需材料的一个过程。所制备的产物具有比较均匀、纯度高、粒度分部窄、颗粒大小相对细小等特点。纳米级的无机材料很多在制备上要求在高温条件下进行退火热处理，而该方法可以在较低温度条件下制备材料。但是，该方法制备电极材料时所需原材料大部分为金属醇盐，成本相对较高。而且，制备得到的薄膜材料在热处理过程中容易脱落，稳定性相对较差，导电性也相对较差。这些不足之处限制了该方法用于制备电极材料,因为电极材料具有成膜均匀、稳定性好、不容易脱落等特征。

(2) 气相沉积法

气相沉积法通常可以用来制备有机金属或者非金属的前驱体及金属氧化物等,即通过在高温密闭的气流环境下制备得到所需的纳米微粒或纳米薄膜。该方法可以根据有机金属或有机非金属前驱体在多种溶剂中进行溶解而稳定存在,使存在于介质中的纳米微粒分散均匀,而且不同的有机金属及非金属化合物在反应过程中各异,也就是说获得的材料尺寸大小可以通过调节反应参数来调控。如果选用金属作为导电基底,通过该方法制备得到的电极容易使基底在高温条件下变成相应的金属氧化物,影响真实活性材料容量准确性计算,并且温度过高也容易导致金属导电基底的结构变得疏松易裂和导电性变差等问题出现。

(3) 固相法

固相法是指在常温下将所需盐类和配位剂的固体物质等反应物混合,将这些混合物进行充分研磨,再将其进行加热处理后制得纳米材料的一种方法。例如,贾殿增等将醋酸锌和8-羟基喹啉或草酸的混合物在室温下进行研磨制得8-羟基喹啉合锌或草酸锌前驱物,再将前驱体热分解,得 ZnO 纳米粉体。用固相法制备材料具有过程容易操控、制备时间短等特点,但是其不足之处是得到的产物的形貌很难控制,重现性相对较差,不能准确地制备出同一形貌的材料。获得的材料多为颗粒状,并且颗粒在研磨成粉末过程中不易研磨均匀。如果将其作为电极材料涂抹到导电基底上,也容易导致电极材料分布不均匀,性能测试过程中不稳定。这些原因在某种程度上也限制了固相法在制备电极材料等方面的发展和应用。

(4) 水热法

水热法是一种在相对于常温来说的高温、高压密闭体系中进行的化学反应过程。纳米粉体的获得是在水溶液或者水蒸气的流体中进行的一个化学反应过程。通过该实验方法可制得金属单质、金属合金、金属氧化物及氢氧化物等材料。该反应所使用的仪器是水热反应釜。这种方法的原理是在高温密闭的反应条件下通过加速反应物离子之间的化学反应有利于促进反应的进行,使一些反应速率较慢并且很难在普通环境下进行的反应,能够加快反应速率提高反应的进行。与水热法相类似的方法就是溶剂热法，它是近二十几年不断发展起来的制备材料的方法，其反应溶剂为有机物或者水和有机溶剂的混合溶液。与水热法相比，非水溶剂（即有机溶剂）中进行的反应也能够实现将压力、媒介和矿化剂进行传递的作用。水热法和溶剂热法在对材料的合成制备中，影响产物形貌、尺寸大小、晶体结构的主要因素一般有：所使用的原材料种类、材料之间的用量比大小、反应体系控制温度范围、配置的盐溶液和酸碱溶液浓度、反应体系溶液 pH 值、时间、混合体系中放入的有机物添加剂的种类等。采用水热法可以制备微观形貌多样的纳米级材料，如纳米棒状阵列、纳米片状结构、纳米管、纳米花和纳米带等。

水热法合成纳米结构材料具有操作简单、设备易得、成本低、温度相对较低、无环境污染等优点。通过该方法制备的电极材料能够直接生长在导电基底上，活性材料能够均匀地分布在其表面，并且基底结构能够保持稳定与活性材料之间具有较好的结合力。鉴于该方法有着以上优点，本书采用水热法作为材料的制备方法。本书将研究各种生长参数对合成产物形貌的影响，得到形貌可控的电极材料。用 X 射线衍射仪（XRD）、扫描电镜（SEN）、透射电镜（TEM）、能谱等测试手段对制备产物进行表征，并且对制备的各种材料进行两电极和三电极条件下电化学性能测试，并探索纳米复合材料最佳反应条件和形貌控制等方面的规律。

1.5 本书研究的主要内容

本书通过两步水热法制备得到核壳纳米复合结构的 $CoMoO_4$@ MnO_2、Co_3O_4@ $CoMoO_4$、$CoMoO_4$@ $NiMoO_4 \cdot xH_2O$ 等材料。通过研究其电容器性能发现钼酸钴基核壳结构复合材料具有大的比表面积，并且电极材料直接生长在泡沫镍导电基体上，避免无电容贡献的材料（如黏结剂、导电剂等）加入，以及电极材料与集流体结合力差等问题。另外，研究用 Co_3O_4、$NiMoO_4 \cdot xH_2O$ 和 MnO_2 对 $CoMoO_4$ 进行化学改性，制备出具有优异电化学性能、高比表面积等特性的复合材料，使得到的电极材料具有更好的电容性能。

本书的主要研究内容如下。

①采用两步水热法制得性能优异的 $CoMoO_4@MnO_2$ 核壳纳米复合结构材料。第一步水热反应制出花状的 $CoMoO_4$ 纳米材料；第二步水热反应在 $CoMoO_4$ 表面原位生长 MnO_2，形成以 $CoMoO_4$ 为核、以 MnO_2 为壳的 $CoMoO_4@MnO_2$ 核壳纳米复合结构材料。通过探索不同反应时间条件下的生长过程，分析 $CoMoO_4@MnO_2$ 核壳纳米复合结构材料生长机制。测试 MnO_2、$CoMoO_4$、$CoMoO_4@MnO_2$ 3 种材料的电化学性能，分析 $CoMoO_4@MnO_2$ 核壳纳米复合结构材料性能优异的原因。研究以 $CoMoO_4@MnO_2$ 作正极，而活性炭（AC）作为负极组装成非对称型器件的电化学性能，即 $CoMoO_4@MnO_2//AC$。对 $CoMoO_4//AC$ 和 $MnO_2//AC$ 非对称型器件，以及 $AC//AC$ 对称型器件的性能进行对比和分析。

②采用水热法制备直接生长在泡沫镍基底上的 $Co_3O_4@CoMoO_4$ 核壳纳米复合结构材料。测试了 $Co_3O_4@CoMoO_4$、Co_3O_4 和 $CoMoO_4$ 等材料的电化学性能，分析 $Co_3O_4@CoMoO_4$ 核壳纳米复合结构材料具有优异性能的原因。实验中探索 PVA 和 KOH 作为固态电解质对器件性能的影响。研究以碳纳米管 CNTs 为负极，分析非对称型器件（$Co_3O_4@CoMoO_4//CNTs$）与对称型器件（$Co_3O_4@CoMoO_4//Co_3O_4@CoMoO_4$）性能。

③采用水热法制备柔性的 $CoMoO_4@NiMoO_4·xH_2O$ 核壳纳米复合结构材料及柔性的 Fe_2O_3 纳米棒电极材料。分析以 Fe_2O_3 作为电容器负极材料，与碳材料相比具有较好性能的原因，并研究在固态电解质条件下，以 $CoMoO_4@NiMoO_4·xH_2O$ 为正极，Fe_2O_3 为负极，构建的 $CoMoO_4@NiMoO_4·xH_2O//Fe_2O_3$ 非对称器件的工作电位窗口和电化学性能。

第 2 章
实验材料与分析方法

本章将介绍实验中所使用的药品，以及在表征和性能测试过程中采用的方法及相关仪器。

2.1 实验药品及仪器

2.1.1 实验药品

本书实验中使用的化学试剂如表 2-1 所示。

表 2-1　实验所用的化学试剂

药品名称	分子式	规格	相对分子质量	生产厂家
六水合氯化钴	$CoCl_2 \cdot 6H_2O$	分析纯	237.93	国药集团化学试剂有限公司
六水合硝酸钴	$Co(NO_3) \cdot 6H_2O$	分析纯	291.05	国药集团化学试剂有限公司
钼酸钠	$Na_2MoO_4 \cdot 2H_2O$	分析纯	241.95	国药集团化学试剂有限公司
醋酸镍	$Ni(CH_3COO)_2 \cdot 4H_2O$	≥99.3%	248.84	国药集团化学试剂有限公司
乙醇	CH_3CH_2OH	分析纯	46.06	天津市天力化学有限公司

续表

药品名称	分子式	规格	相对分子质量	生产厂家
硫酸	H_2SO_4	95%~98%	98.08	天津化学试剂三厂
尿素	$CO(NH_2)_2$	分析纯	60.06	国药集团化学试剂有限公司
丙酮	C_3H_6O	分析纯	58.08	国药集团化学试剂有限公司
N-甲基吡咯烷酮	C_5H_9NO	分析纯	99.13	天津中信凯泰化工有限公司
聚乙烯醇	$[C_2H_4O]_n$	≥99.5%	$[44.05]_n$	国药集团化学试剂有限公司
超纯水	H_2O	电阻率>16 MΩ·cm	18.00	实验室自制
乙炔黑	C	GB/T 3782—2006	12.01	天津市宝驰化工有限公司
氯化钾	KCl	分析纯	74.55	国药集团化学试剂有限公司
钼酸铵	$(NH_4)_6Mo_7O_{24}\cdot 4H_2O$	分析纯	1235.85	昆山兴邦钨钼科技有限公司
甘汞电极	Hg_2Cl_2/KCl	—	—	上海越磁电子科技有限公司
泡沫镍	Ni	—	—	昆山比泰祥电子有限公司
Pt 电极	Pt	面积：10 mm×30 mm	195.10	天津艾达恒晟科技

2.1.2 实验仪器

本书材料制备过程中所使用的仪器设备如表 2-2 所示。

表 2-2 实验仪器列表

仪器名称	型号	生产厂家
超声波清洗机	KQ-3200E	上海森信实验仪器有限公司
电子分析天平	FA-2104	上海森信实验仪器有限公司
恒温磁力搅拌器	DF-101S	西安常仪仪器设备有限公司
离心机	TGL-20	西安常仪仪器设备有限公司
超纯水机	CSR1-05	西安常仪仪器设备有限公司
鼓风干燥箱	101-3	上海森信实验仪器有限公司
聚四氟乙烯反应釜	100 mL	西安常仪仪器设备有限公司
马弗炉	KSY-4-16A	天津市中环实验电炉有限公司
电化学工作站	CHI660C	上海辰华仪器有限公司
干燥箱	DGG-9070A	上海森信实验仪器有限公司

2.2 表征测试设备

2.2.1 扫描电子显微镜

扫描电子显微镜（Scanning Electron Microscope，SEM）是将仪器的电子束照射到制备样品的表面上，得到研究对象的影像，即微观结构形貌及材料微观尺寸大小的仪器。预测试的样品在进行扫描电镜对其测试之前一般要首先用 Gatan-682 型镀膜仪对待测样品表面进行喷金预处理数分钟，目的是提高预测试材料的整体导电性，从而更有利于观察材料表面的微观形貌和结构。将准备好的样品通过导电胶粘贴到导电的基底上，再放入该扫描电镜仪器的托盘中央，然后调节相关仪器参数，将参数设定好后进行喷金，喷金时间 5 min。本书测试样品的微观形貌所使用的扫描电子显微镜是日本日立公司生产的 S 4800 型。该仪器在实验中可以使用的加速电压一般为 0.2~30.0 kV、放大倍数也可达到 7~106 倍、可观测范围是 6 mm、X-射线使用的参数是 8.5 mm WD，可以使用的压力范围为 10~400 Pa、待测样品的高度最大为 100 mm、测试中使用的接收角可为 35°、直径可以使用的最大值为 R_{max} 200 mm。它是目前各国科研工作者经常使用的一种比较重要的用来对制备材料的微观形貌和尺寸大小观察分析的仪器。除此之外，该仪器还可以用来进行测样品成分分析，如能谱测试（EDS）和所含元素在整体成分中所占百分比和分布多少的分析。

2.2.2 X 射线衍射

对于制备材料的物相结构分析也是非常重要的，每种材料的晶体结构在经过 X 射线衍射照射会呈现对应的特征图谱。在实验中，将制备材料经过 X 射线衍射测试后得到的衍射花样与标准图谱进行参考对比，从而就可以确定所研究物质的组分和物相结构。确定所研究材料的物相结构后，还可以根据谱图中各相的峰强度大小与该组分含量成正比的关系，对材料体系中各组分含量进行定量分析。本书中对制备样品的物相结构分析所采用的测试仪器是产自德国布鲁克公司的 BRUKER D8 X 射线衍射仪（XRD）。其中各项参数设定为：电压 40 kV，电流 100 mA，放射源采用 CuK_α，波长 λ = 0.1542 nm，扫描范围 10~80°，步长为 0.02°。

2.2.3 透射电子显微镜

透射电子显微镜（TEM）测试是一种对制备材料的更进一步的微观形貌观测并做出对选定区域的相应的选区电子衍射（HRTEM）、能谱测试（EDS）和微观精细结构等的一种更为精确的一种表征测试。本书在实验中所使用的该仪器型号为 JEOL 2010。其分辨率大小为 0.24 nm、能量分辨率 < 0.7 eV、放大倍率范围是 8~106、加速电压可达到 200 kV。

2.2.4 比表面积及孔径分析仪

实验中对于制备材料的比表面积大小的分析测试使用的是 3H-2000PS4 型比表面积孔径分析仪。测试数据结果：通过 BET 法将测试得到吸附脱附曲线和材料的比表面积进行分析。该测试方法所使用的理论依据来自于埃米特和希朗诺尔等提出的较为接近实际的多分子吸附理论模型。该模型可以推导出对样品在进行多层吸附后其吸附量（V）和单层吸附量（V_m）之间存在着一个对应关系方程，也就是目前人们比较常用的 BET 方程。通过该方法测试制备材料的吸附量大小通常会接近实际材料的吸附量的大小。由于该方法的测试理论是以对材料进行多层吸附为基础，从而得到的测试结果会更精确一些。该方法具体测试过程是在使用不同氮气分压的同时测量 3~5 组的样品。测试完成后再将测试得到的数据通过前面提到的 BET 方程对数据导入后作图再进行拟合，以 P/P_0 作为数据分析的横坐标、$P/V(P_0-P)$ 作为数据分析的纵坐标，从而得到线性关系。通过所得的线性关系数据图可以看出直线斜率及相应的截距大小，就能够得到 V_m 的具体数值，再通过相应理论计算得到制备材料的比表面积大小。当将测试材料的横坐标数值取 0.35~0.05 进行研究时，被测材料的实际吸附量就会与 BET 方程能够较好匹配，理论及实际的测试结果表明所得图形能够较好地体现出理想的线性关系。

2.3 电容性能的测试方法

本书中的电化学性能测试使用的仪器是上海辰华 CHI660C 型测试主机。在三电极条件下的测试是以 1 cm×4 cm 的铂片作为对电极、测试的电解液为碱性 KOH 溶液，所以选择饱和甘汞电极为实验中测试的参比电极，用制备的材料直接作为工作电极来测试电容性能（这些性能测试包括循环伏安曲线测试、充放电测试、阻抗测试、循环稳定性等）。实验中，还将所制备的材料与负极材料进行匹配负极组装器件，研究其在两电极条件下的电化学性能。

2.3.1 循环伏安法

循环伏安法是目前实验室测试电极材料电化学性能一个比较常用的方法。其原理是通过控制电极材料在不同扫速下的电极电势的大小，通过三角波方式进行一次或者反复多次扫描的过程。同时，电极电势的扫描范围大小也能使电极材料在扫描过程中能够与电解液进行可逆的氧化还原反应，直观的表现为对信号记录成电流和电势（电压）关系数据图。通过循环伏安法测试还可以根据所研究电极材料表面发生的微观反应可逆性来制备无机材料反应的"摸条件"等。测试过程中脉冲电压的输出形式是以等腰三角形的方式不断地施加在实验中研究的工作电极表面，测试完成后处理数据会是横坐标为电压而纵坐标为电流的曲线。如果在初始阶段施加的电位是向阴极方向进行不断扫描，此时工作电极正在进行的是还原反应，数据图的方波为相应的还原波。如果电压是向阳极方向进行扫描，产生的反应过程就是氧化反应。完成一次扫描过程就是一个三角波扫描完成的过程，也就是完成了一次氧化还原反应的循环，即循环伏安法。将获得的电流和电压关系曲线称为循环伏安曲线。如果活性物质在反应过程中与电解液的可逆性较差，那么从得到的实验数据图就能够看出氧化峰和还原峰的绝对值高度是不同的，曲线的形状也相对不对称。如果反应是可逆反应的，那么获得的曲线也是比较对称的。相反，如果曲线上半部分和下半部分不对称，说明该反应的可逆性不好。在用该方法进行循环伏安法测试时，对电极材料的扫描速度可以从每秒扫 1 V 到几毫伏不等。该方法还可以用来研究电极材料反应的机制、电化学性质，以及对电极动力学参数的探究等。除此之外，还可以对活性物质的浓度大小来进行定量分析，对电极材料表面能够吸附的物质的覆盖度是多少、电活性物质的表面积是多少、电化学反应的速率常数计算、传递系数计算等动力学参数和交换的电流密度大小进行计算和研究，其原理如图 2-1 所示。

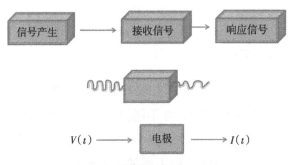

图 2-1 循环伏安法原理示意

Fig. 2-1 Mechanism of cyclic voltammetry

2.3.2 计时电位法

该测试方法的基本原理与常见的测试方法，如极谱法和伏安法有相似之处，它们都是对电极材料进行电化学分析，以及对电极反应过程研究的可靠的技术方法。不同的是，极谱法的数据关系是电极电位（E）与电流（i）之间的线性曲线。而计时电位法是在电流为一个固定数值，测量电极材料在反应过程中电极电位（E）与反应过程时间（t）之间关系的曲线 E-t。计时电位法对电极材料的测试是使用可以调控的恒流电源，在三电极条件下对工作电极、电极及参比电极组成的三电极体系来进行测试。将接通的线路与电位仪、记录仪或者示波器等连接好后就能够得到电极反应过程中电压与时间的曲线关系。其中，研究电极、电解液都处于静止状态。传质过程与极谱法相类似，主要是扩散过程。工作电极在还原过程中使用的是悬汞或汞池电极；氧化过程则使用的是碳糊、碳化硼、金和铂等电极，这又与伏安法有类似之处。

2.3.3 交流阻抗法

交流阻抗法是通过给电极材料通电后从而会产生电信号，具体表现为小幅的交流电压或交变电流的变化。该方法是对研究材料的阻抗大小测试的一种常用方法。实验中测试得到的数据要经过预先等效电路的模拟过程，再计算相关参数的大小。使用该方法测试得到的电极材料的电化学阻抗大小是目前科研工作者们常用的分析方法。

2.3.4 接触角测试

本书实验部分，对于碳纤维导电基底在亲水处理后，为了进一步证明碳纤维最后是亲水的，实验中对其进行了接触角的测试来判断是否亲水。接触角测试是将取好的一滴液体滴加在一个水平的固体平面上，这时会在这个水平平面上形成三相即固相、液相和气相。其中，将气-液和固-液界面的两个切线所形成的夹角叫作接触角。本书接触角的测试使用的仪器是上海中晨数字技术设备有限公司生产的JC2000C型接触角测试仪，将仪器连接好后再通过计算机多媒体技术能够实现在计算机屏幕上看到非常清晰的液滴成像，可以同时一边测试一边记录。这样能够避免因测试过程中液体蒸发导致的测量结果不精确，通过该方法测得的数据比较直观、精确。具体的测试过程是将每个样品分别取间距约5 mm的3个点进行测量，读取数据6次，最后结果选择所得的算术平均值为测量数值。

第3章
$CoMoO_4$@MnO_2核壳纳米复合材料的构筑及电容性能研究

3.1 引言

  超级电容器的两种储能机制分别是电化学双电层储能机制和赝电容储能机制。电化学双电层电容器存储能量是通过电荷在电极及电解液表面聚集吸附，并未发生化学反应；而赝电容存储能量是在电极材料表面有离子和电子吸附之外，还会发生可逆的法拉第氧化还原反应，因此，其存储的能量要高于双电（电容器）层电容储能（电容器）。过渡金属氧化物、氢氧化物及其复合材料作为赝电容材料由于具有多种价态、高的比容量，并且这些材料无污染、易合成各式各样形貌结构的材料，已经被人们进行广泛研究。MnO_2作为电极材料因其具有高的比容量、价格低廉及环保等优点，而成为人们研究比较广泛的材料之一。然而，MnO_2的不足之处是它的导电性较差（10^{-5}~10^{-6} S·cm^{-1}），限制了其在超级电容器上的应用。钴氧化物因其具有较好的氧化还原可逆性和高比容量也是很好的电极材料，但是钴氧化物的容量保留值及倍率性能比较差。钼氧化物也是一种非常有研究价值的超级电容器材料，由于其具有多种晶体结构和多重氧化还原态的n-型半导体材料。因此，将钴氧化物和钼氧化物进行整合，形成具有优异电化学性能、多重氧化还原态和良好导电性的二元金属氧化物$CoMoO_4$电极材料。先前的研究报道表明$CoMoO_4$由于大的晶胞参数从而具有优异的倍率性能和循环稳定性。因此，本章通过利用$CoMoO_4$和MnO_2之间的协同效应来设计合成$CoMoO_4$@MnO_2核壳复合材料。所得到复合材料具有高的表面/体积比率、大的比表面积。有利于增加材料的表面活性位点，加快反应速率进而提高复合材料的电化学性能。为了进一步贴近实际应用，在液态电解质条件下，研究了 $CoMoO_4$@ MnO_2 核壳复合材料与活性炭组装的非对称型器件及活性炭对称型器件的性能。

3.2 电极材料的制备和器件组装

首先，将裁剪好的泡沫镍（体积大小为 1.0 cm×1.0 cm×0.1 cm）导电基底浸渍到浓度为 3 mol·L^{-1} 的 HCl 中，放置 15 min 后取出，为了防止泡沫镍表面可能被氧化成的氧化镍，进行表面的预处理。随后将泡沫镍导电基底用丙酮、乙醇、水分别连续超声进行清洗 30 min。清洗后的泡沫镍导电基底放置在恒温干燥箱中干燥，温度 60 ℃，时间 12 h。取出干燥好的泡沫镍导电基底称量其质量，记录所称量的质量。实验中采用水热法制备得到 $CoMoO_4$ 花状结构、MnO_2 纳米片和 $CoMoO_4$@ MnO_2 核壳花状结构电极材料。

3.2.1 $CoMoO_4$ 花状结构材料的制备

采用水热法制备 $CoMoO_4$ 花状结构，以泡沫镍为导电基底材料直接生长在其表面。材料的制备过程如下：称取 0.73 g Co（NO_3）$_2$·6H_2O 和 0.6 g Na_2MoO_4·7H_2O 放置在 100 mL 的烧杯中，再量取 50 mL 超纯水倒入上述烧杯中，同时进行不断的磁力搅拌 3 h。将上述搅拌均匀的混合溶液转移到 100 mL 的不锈钢反应釜中，并取出一块清洗好的面积为 1 cm×1 cm 泡沫镍导电基底一同转移到不锈钢反应釜中。将反应釜旋紧，在恒温干燥箱中加热至温度为 200 ℃，恒温反应 4 h。当反应釜自然冷却至室温，旋开反应釜，取出合成的材料，反复用水和乙醇进行冲洗。将清洗后的材料放入恒温干燥烘箱中 60 ℃，12 h 条件下进行干燥。对干燥后的材料进一步进行热处理，马弗炉空气中加热至 350 ℃，反应时间 2 h，最后得到 $CoMoO_4$ 花状结构材料。

3.2.2 MnO_2 纳米片材料的制备

称取紫黑色的 $KMnO_4$ 粉末 0.3 g 放置在 100 mL 烧杯中，量取 50 mL 超纯水放入上述 100 mL 烧杯中，同时对 KMnO₄ 水溶液在常温下进行不断磁力搅拌。将搅拌好的 KMnO₄ 溶液转移到 100 mL 不锈钢反应釜中，再放入清洗好的面积为 1 cm×1 cm 泡沫镍导电基底。反应釜旋紧后，恒温干燥箱中 150 ℃，反应 6 h。待反应釜逐渐冷却至室温，取出材料，用乙醇和水进行反复冲洗。在恒温干燥箱中温度 60 ℃、干燥 12 h，最后得到直接生长在泡沫镍导电基底上的 MnO₂ 纳米片电极材料。

3.2.3　CoMoO₄@MnO₂ 核壳结构纳米材料的制备

将实验中制备得到的 CoMoO₄ 花状结构电极材料浸渍在制备 MnO₂ 纳米片步骤中的 KMnO₄ 溶液中，然后将其一同转移到 100 mL 不锈钢反应釜中。将反应釜旋紧密封，恒温干燥箱中加热 150 ℃，反应时间 6 h。当反应釜逐渐冷却至室温时，取出 CoMoO₄@MnO₂ 核壳结构材料，用乙醇和水反复冲洗后，放入 60 ℃ 恒温烘箱中干燥 12 h 即得。

3.2.4　AC 电极的制备

在实验中，以活性炭 AC 作为非对称型器件负极材料。该负极材料的制备过程如下：将质量分数为 85% 的活性炭、10% 的炭黑及 5% 的 PVDF（the binder polyvinylidenefluoride）3 种粉末称量好后放在研钵中进行研磨。待粉末研磨均匀，再对上述 3 种混合粉末进行磁力搅拌。在搅拌过程中将少量的 N-甲基吡咯烷酮（N-methylpyrrolidone，NMP）逐滴加入。搅拌一定时间后，形成了黏稠的膏状，用药匙取出少量涂抹到面积为 1 cm×1 cm 的泡沫镍导电基底上进行压片。将制备得到的活性炭负极材料放入恒温 60 ℃ 的干燥箱中干燥。待涂抹材料在泡沫镍基底上干燥好后取出该活性炭电极材料，再进行压片、干燥，反复多次操作此过程以保证负极材料能够较好地涂覆在泡沫镍基底上。最后在 60 ℃ 对活性炭电极干燥 12 h，待用。

3.2.5 器件组装

非对称型电化学电容器组装：以 $CoMoO_4$@ MnO_2 花状结构电极材料作为正极、活性炭（AC）作为负极、KOH 作为电解液、在正极和负极之间加一个隔膜，制得 $CoMoO_4$@ MnO_2//AC 非对称型器件。正负电极的几何面积均为 1 cm×1 cm。KOH 电解液的制备是将 5.6 g 的 KOH 固体溶解在 50 mL 超纯水中，并且用磁力搅拌器不断搅拌 0.5 h 至溶液澄清。正负极电极材料和隔膜浸渍在电解液当中 5 min。制备得到 $CoMoO_4$@ MnO_2//AC 非对称型超级电容器的电化学性能测试采用的仪器是上海晨华电化学工作站 CHI 660C，在两电极条件下进行测试。实验中，还制备了非对称超级电容器 $CoMoO_4$//AC 和 MnO_2//AC。其制备过程和非对称型器件 $CoMoO_4$@ MnO_2//AC 的相同。对称型 AC//AC 电容器器件正极和负极是同种材料。电解液仍然为 KOH 溶液。制备 $CoMoO_4$//AC、MnO_2//AC 和 AC//AC 3 个器件，目的是与 $CoMoO_4$@ MnO_2//AC 器件进行后续实验性能的对比。

单一电极材料测试是在三电极体系中进行，实验中电化学性能测试所使用的仪器依然是上海晨华电化学工作站 CHI 660C。电解液为 2 mol·L^{-1} 的 KOH 溶液，测试电压窗口为 -0.2~0.6 V。$CoMoO_4$@ MnO_2 核壳结构纳米复合材料电极的面积为 1 cm×1 cm；$CoMoO_4$@ MnO_2 活性物质质量为 2.6 mg；$CoMoO_4$ 花状结构的活性物质质量为 2.1 mg；MnO_2 纳米片的活性物质质量为 1.4 mg，上述 3 种材料直接作为电极材料进行测试。面积为 1 cm×4 cm 铂片和饱和甘汞电极分别作为三电极测试对比电极和参比电极。电化学阻抗是在振幅为 5 mV，频率为 0.1 k~100 kHz 开路电压条件下进行测试。比容量、能量密度和功率密度计算公式如式（3-1）、式（3-2）、式（3-3）：

$$C_s = i\Delta t/m\Delta V \qquad (3-1)$$

$$E = 0.5C_s\Delta V^2/3.6 \qquad (3-2)$$

$$P = 3600E/\Delta t \qquad (3-3)$$

式中，C_s 为比容量，F·g^{-1}；i 为电流密度，A；Δt 为放电时间，s；ΔV 为放电过程压降，V；m 是活性物质质量，g；E 为能量密度，(W·h)·kg^{-1}；P 为功率密度，W·kg^{-1}。

3.3 制备材料的生长机制及形貌表征

3.3.1 CoMoO₄@MnO₂ 材料的生长机制

图 3-1 为实验制得的电极材料实物图，从左到右依次为实验中清洗好的泡沫镍导电基底、水热反应制备得到的 CoMoO₄、热处理 CoMoO₄ 后得泡沫镍、CoMoO₄ 纳米片、花状的 CoMoO₄@MnO₂ 核壳纳米复合结构材料及活性炭负极材料的实物图。从图 3-1 可以看出，泡沫镍导电基底上的电极材料分布均匀。

图 3-1 实验制得的电极材料实物图

Fig. 3-1 The optical image of the as-prepared electrodes

实验对比了 CoMoO₄ 样品在相同反应温度（180 ℃）下，反应时间对 CoMoO₄ 纳米结构的影响，如图 3-2 所示。图 3-2 a 为反应时间为 0.5 h 时的 SEM 照片，可以看出大量的纳米颗粒紧密排布。当反应时间增长到 2 h 时（图 3-2 b），可以发现有片状结构存在，这是由反应初期的那些纳米粒子晶核经过进一步的生长变成了纳米片状结构。当反应时间继续增长到 4 h（图 3-2 c）时，大量花状结构的形貌呈现出来。当反应时间不断延长，从 8 h 到 16 h（图 3-2 d 至图 3-2 f），可以看出花状结构破坏，又变成了片状结构，且随着时间变长，所形成的片状结构的厚度也逐渐变大。

整个反应过程的机制是奥斯特瓦尔德（Ostwald's）熟化机制。奥斯特瓦尔德熟化机制是物质结晶的一个过程，在这个过程中并不会直接生成稳定的

第3章　CoMoO₄@MnO₂ 核壳纳米复合材料的构筑及电容性能研究

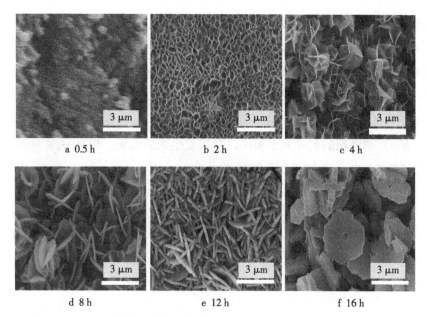

图 3-2　CoMoO₄ 样品在相同的反应温度 180 ℃、不同反应时间的 SEM 图
Fig. 3-2　SEM images of the CoMoO₄ samples formed at 180 ℃ after reaction

晶体。首先是生成非稳定状态的晶核，随着温度升高或降低，或反应时间的延长推移，由不稳定状态逐渐向稳定的过程转变。利用该机理可以解释水热过程的产物。当体系在某一温度下达到稳定时，就会形成小的晶核。新生成的晶核变化取决于晶核的尺寸大小，随着自由能不断减小，新生成的晶核溶解度变大，新生成的大尺寸的晶核具有更低的化学势。当温度一定、溶度积达到平衡时，开始奥斯特瓦尔德熟化过程。

奥斯特瓦尔德熟化过程是一个临界状态的小粒子因能量较高，不能够迅速稳定存在从而会逐渐进行聚集，引起表面能降低，小粒子再从周围介质中析出，随着反应过程延长变成较大的晶体微粒的一个过程。这个过程机制，已被广泛地应用于纳米晶体材料生长过程机制的解释。

实验中，研究了 CoMoO₄ 花状结构的生长过程。在水热反应的初始阶段，溶解在溶液中的 Co^{2+} 和 MoO_4^{2-} 结合形成较小的 CoMoO₄ 晶核颗粒，这些 CoMoO₄ 晶核颗粒聚集在镍网上。由于这些纳米颗粒具有大的表面能，不能稳定存在，因此，随着反应的进行这些小纳米颗粒就会不断地聚集变大从而表面能降低。最后这些小的晶核聚集定向生长形成 CoMoO₄ 纳米片。这些纳米片形成新的成核位点,随着反应时间不断延长,这些纳米片进一步进行聚集形成 $CoMoO_4$ 花状结构,均匀地分布在泡沫镍导电基底上。将得到的 $CoMoO_4$ 花状结构放到 MnO_2 纳米片前驱体溶液中再次进行水热反应,通过水热法将 MnO_2 纳米片生长在 $CoMoO_4$ 纳米花的每个片层的表面,形成了 $CoMoO_4@MnO_2$ 核壳花状结构。并且 $CoMoO_4@MnO_2$ 核壳花状结构尺寸大小与 $CoMoO_4$ 纳米花的尺寸大小相比,并未发生大的改变。$CoMoO_4@MnO_2$ 核壳花状结构生长示意如图 3-3 所示。

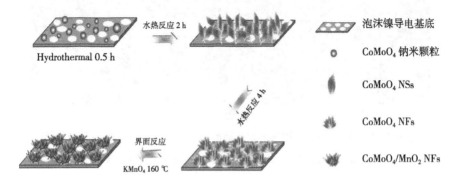

图 3-3 $CoMoO_4@MnO_2$ 花状结构的生长过程示意

Fig. 3-3 Proposed growth mechanism for the formation of $CoMoO_4@MnO_2$ nanoflowers

3.3.2 $CoMoO_4$ 花状结构材料的形貌表征

图 3-4 是 $CoMoO_4$ 花状结构材料的实物和 SEM 图。图 3-4 a 为面积大小 1 cm×1 cm 泡沫镍导电基底,以及直接生长在泡沫镍导电基底上的 $CoMoO_4$ 和热处理 $CoMoO_4$ 后的花状结构材料实物图。从图可以看出,$CoMoO_4$ 花状结构材料热处理后与未热处理相比,热处理后的 $CoMoO_4$ 材料颜色加深。图 3-4 b 为泡沫镍导电基底 SEM 图,可以看出是 3D 网络状有孔洞的骨架结构。图 3-4 c 为经过热处理后直接生长在泡沫镍导电基底上的 $CoMoO_4$ 花状结构材料低倍 SEM 图。从图可以看出,有大量 $CoMoO_4$ 花状结构材料均匀分布在泡沫镍导电基底骨架上。图 3-4 d、图 3-4 e 分别为不同放大倍数下的 $CoMoO_4$ 花状结构材料 SEM 图,可以看出有大量形貌较均一的花状结构。从图 3-4 d 可以明显看出单一的花状结构是由很多的锯齿状纳米片组装而

成。这些纳米级花状结构的平均粒径为 1.5~3.0 μm。图 3-4 e 插图为 $CoMoO_4$ 花状结构材料的高倍 SEM 图,可以看出纳米片的厚度为 10~20 nm。从图 3-4 e 还可以看出,这些纳米片表面是光滑的,并且大量的纳米片沿着各个方向生长,这些花状结构包覆在整个泡沫镍的表面。花状结构材料的每个纳米片结构互相交织形成网络状多孔隙结构。这种结构的 $CoMoO_4$ 作为电极可以提供有效的电子转移通道。

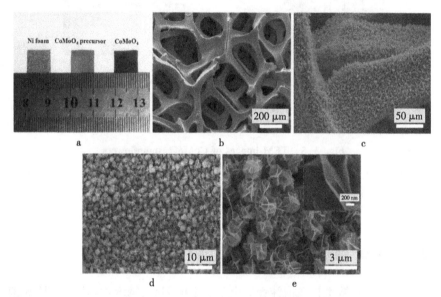

图 3-4 $CoMoO_4$ 花状结构材料的实物和 SEM 图

a 泡沫镍导电基底、生长在泡沫镍基底上的 $CoMoO_4$ 前驱物、生长在泡沫镍基底上的 $CoMoO_4$ 花状结构的实物图;b 纯净的泡沫镍基底的 SEM 图;c $CoMoO_4$ 花状结构生长在泡沫镍骨架的 SEM 图;d $CoMoO_4$ 花状结构生长在泡沫基底上的低倍的 SEM 图;e $CoMoO_4$ 花状结构生长在泡沫基底的高倍的 SEM 图

Fig. 3-4 The practical images and SEM images of $CoMoO_4$ nanoflowers

a Optical image of Ni foam substrate, $CoMoO_4$ precursors and $CoMoO_4$ nanoflowers grown directly on Ni foam; b SEM image of the bare Ni foam; c SEM image of $CoMoO_4$ nanoflowers on Ni foam scaffold; d Low magnification SEM images of $CoMoO_4$ nanoflowers on Ni foam; e High magnification SEM images of $CoMoO_4$ nanoflowers on Ni foam

图 3-5 是 $CoMoO_4$ 花状结构的 TEM 图。图 3-5 a 为 $CoMoO_4$ 的 TEM 图,可以看出花状微观结构,这些花状结构之间紧密连接形成网络结构,这与图 3-4 的 SEM 图片结果相一致。选择图中标注的圈内区域进行 HRTEM 测试,

如图 3-5 b 所示。晶格条纹的晶面间距是 0.67 nm，对应于 CoMoO$_4$（001）晶面。

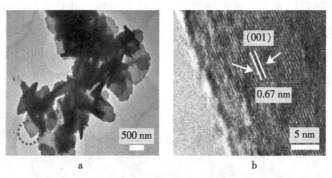

图 3-5　CoMoO$_4$ 花状结构的 TEM 图

a CoMoO$_4$ 花状结构的低倍 TEM 照片，虚线圈内区域用来对 CoMoO$_4$ 花状结构 HRTEM 测试；b CoMoO$_4$ 花状结构 HRTEM 测试

Fig. 3-5　TEM images of CoMoO$_4$ nanoflowers

a Low-magnification TEM image of CoMoO$_4$ nanoflowers, the labeled zone is selected for the HRTEM of the CoMoO$_4$ nanoflowers; b HRTEM image of CoMoO$_4$ nanoflowers

3.3.3　MnO$_2$ 纳米片状结构材料的形貌表征

图 3-6 为直接生长在泡沫镍导电基底上的 MnO$_2$ 纳米片 SEM 和 TEM 图。从图 3-6 a 可以看出，有大量 MnO$_2$ 片状结构形貌。这些 MnO$_2$ 片并不是紧密排列，而是有很多孔隙，这些孔隙是由这些纳米片相互连通形成的。

进一步观察图 3-6 b 可以看出明显的片状结构，这些片状结构相互连接，形成网络多孔特性，与图 3-6 a 低倍 SEM 结果相一致。这样的多孔结构，有利于电解液在电极材料表面进行扩散。纳米级结构也有利于离子和电子的快速传输，缩短离子和电子的传输距离，提高电化学反应速率。

图 3-6 c、图 3-6 d 为 MnO$_2$ 纳米片不同倍数条件下的 TEM 图，从 TEM 图也可以看出明显的片状结构，并且这些片状结构并不是单独存在，而是相互交织连接，与 SEM 表征测试的结果一致。

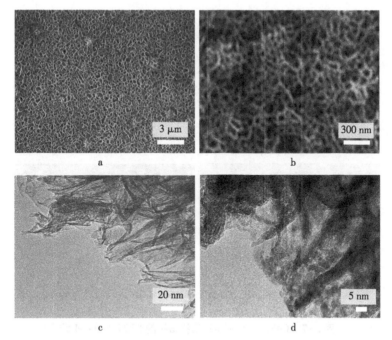

图 3-6 直接生长在泡沫镍导电基底上的 MnO_2 纳米片的 SEM 和 TEM 图

a、b 为 MnO_2 纳米片在不同倍率条件下的 SEM；c、d 为 MnO_2 纳米片的 TEM

Fig. 3-6　SEM images and TEM images of MnO_2 nanosheets

a, b SEM images of MnO_2 nanosheets at various magnifications; c, d TEM images of MnO_2 nanosheets

3.3.4　$CoMoO_4$@MnO_2 花状结构材料的形貌表征

将片状的 MnO_2 包覆在花状的 $CoMoO_4$ 表面，形成核壳结构的 $CoMoO_4$@MnO_2 的 SEM 和 TEM 如图 3-7 所示。图 3-7 a 为制备得到的 $CoMoO_4$@MnO_2 低倍 SEM 图，从图中可以看出有大量 $CoMoO_4$@MnO_2 材料均匀生长在泡沫镍骨架上。

进一步观察高倍 SEM（图 3-7 b），有大量花状结构存在。这些花状结构的粒径大小为 2~5 μm。其粒径大小与 $CoMoO_4$ 花状结构的粒径大小几乎一致。这说明 $CoMoO_4$ 花状结构表面包覆了一层 MnO_2 纳米片后，形成的 $CoMoO_4$@MnO_2 形状依然是花状，并且粒径大小未发生太明显改变。

图 3-7 CoMoO$_4$@MnO$_2$ 花状结构的 SEM 和 TEM 图

a 生长在泡沫镍基底上的 SEM 骨架照片；b、c CoMoO$_4$@MnO$_2$ 花状结构不同倍率条件下的 SEM 图；d CoMoO$_4$@MnO$_2$ 花状结构的 TEM 图

Fig. 3-7 SEM and TEM images of CoMoO$_4$@MnO$_2$ nanoflowers

a SEM image of CoMoO$_4$@MnO$_2$ nanoflowers on Ni foam scaffold; b~c SEM images of CoMoO$_4$@MnO$_2$ nanoflowers at different magnifications; d TEM image of an individual CoMoO$_4$@MnO$_2$ nanoflowers

由图 3-7 c 可以清楚地看到花状结构每个片层表面还有一些片层存在，即 MnO$_2$ 纳米片包覆在 CoMoO$_4$ 花状结构的每个片层表面。

图 3-7 d 为 CoMoO$_4$@MnO$_2$ 的 TEM 图，核为 CoMoO$_4$，壳层为 MnO$_2$ 片状结构。

为了证明制备的 CoMoO$_4$@MnO$_2$ 花状材料为核壳结构，实验中还对 CoMoO$_4$ 花状结构材料和核壳结构的 CoMoO$_4$@MnO$_2$ 花状结构材料通过 TEM 测试来进行验证，如图 3-8 所示。CoMoO$_4$@MnO$_2$ 花状结构的 TEM 图如图 3-8 a 所示，进一步证实了核壳结构是由 CoMoO$_4$ 花状结构作为核部分，MnO$_2$ 纳米片作为壳层部分。可以看出，MnO$_2$ 纳米片充分地包覆在 CoMoO$_4$ 花状结构材料的每个片层表面，这将有利于扩大材料的比表面积。如图 3-8 b 所示，选择图中标注的圆圈内区域进行了 SEAD 和 HRTEM 测试。晶格条纹的晶面间距分别是 0.24 nm、0.21 nm 和 0.16 nm，分别对应于 MnO₂ 纳米片电极材料的（100）、（101）和（102）晶面。相应的 SEAD 测试表明具有很好的衍射环，说明 MnO₂ 纳米片是多晶结构。

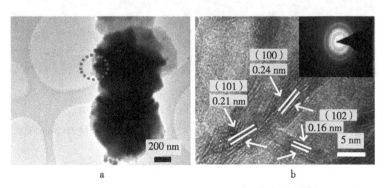

图 3-8　CoMoO₄@MnO₂ 花状材料的结构 TEM 图

a CoMoO₄@MnO₂ 花状结构的低倍 TEM 照，框内区域用来对 CoMoO₄@MnO₂ 花状结构进行 HRTEM、SEAD、EDS 测试；b CoMoO₄@MnO₂ 花状结构的 HRTEM 测试，插图为 SAED 图

Fig. 3-8　TEM images of CoMoO₄@MnO₂ nanoflowers

a Low-magnification TEM image of CoMoO₄@MnO₂ nanoflowers, the labeled zone is selected for the HRTEM, SEAD and EDS mapping; b HRTEM of the CoMoO₄@MnO₂ nanoflowers, Inset is the SAED pattern

为了进一步证实得到 CoMoO₄@MnO₂ 花状核壳结构，实验中还对该材料进行了 TEM 元素分析测试，测试其中所含元素种类如图 3-9 所示。

选择图 3-8 a 虚线圈内区域进行 TEM 元素分析测试，相应的测试结果如图 3-9 所示，从元素分析测试图中可以看出含有 Co、Mn、Mo 和 O 4 种元素。

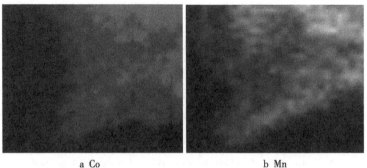

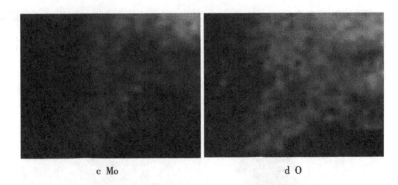

c Mo　　　　　　　　　　　d O

图 3-9　Co、Mn、Mo 和 O 元素的 EDS 能谱

Fig. 3-9　EDS mapping of element Co, Mn, Mo and O respectively

3.3.5　制备材料的结构表征

实验中通过 XRD 测试对制备材料 $CoMoO_4$ 花状结构、MnO_2 片状结构和 $CoMoO_4$@MnO_2 花状结构材料进行物相结构分析。如图 3-10 所示，通过与标准卡片对比，证明合成的材料为单斜的 $CoMoO_4$（PDF，card No 21-0868）

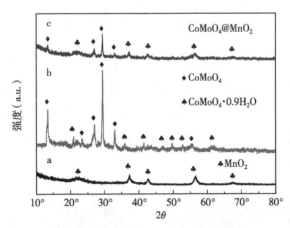

图 3-10　XRD 对制备材料 $CoMoO_4$ 花状结构、MnO_2 片状结构和核壳结构的 $CoMoO_4$@MnO_2 材料进行物相结构分析

a MnO_2 片状结构；b $CoMoO_4$ 花状结构；c $CoMoO_4$@MnO_2 花状结构

Fig. 3-10　XRD Patterns of a MnO_2 nanosheets, $CoMoO_4$ nanoflowers and $CoMoO_4$@ MnO_2 nanoflowers

a MnO_2 nanosheets；b $CoMoO_4$ nanoflowers；c $CoMoO_4$@ MnO_2 nanoflowers

和六边的 MnO$_2$（PDF，card No 30-0820）。对于 CoMoO$_4$ 的 XRD 衍射峰中除了单斜相的 CoMoO$_4$ 以外，几个弱的衍射峰是含有结晶水的 CoMoO$_4$·0.9H$_2$O。CoMoO$_4$@MnO$_2$ 材料的 XRD 图中含有 CoMoO$_4$ 和 MnO$_2$ 衍射峰，说明制备的材料为 CoMoO$_4$@MnO$_2$。

3.3.6 制备材料的比表面积表征

将实验中制备的 MnO$_2$、CoMoO$_4$ 和 CoMoO$_4$@MnO$_2$ 材料的比表面积进一步通过氮气吸脱附等温曲线和孔径分布曲线图进行分析，如图 3-11 所示。测试结果表明 CoMoO$_4$@MnO$_2$ 核壳纳米复合结构材料的比表面积是 100.79 m^2·g^{-1}，要

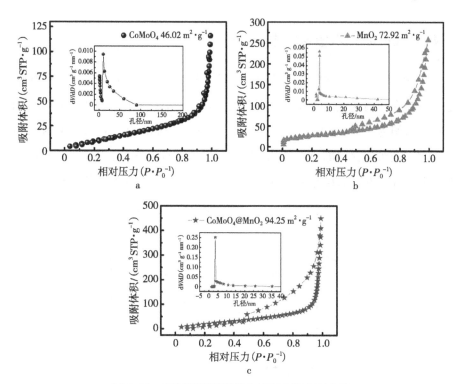

图 3-11 氮气吸脱附等温曲线和孔径分布曲线

a CoMoO$_4$ 花状结构；b MnO$_2$ 纳米片结构；c CoMoO$_4$@MnO$_2$ 花状结构材料

Fig. 3-11 N$_2$ adsorption and desorption isotherms and pore size distribution of CoMoO$_4$ nanoflowers, MnO$_2$ nanosheets and CoMoO$_4$@MnO$_2$ nanoflowers

a CoMoO$_4$ nanoflowes；b MnO$_2$ nanoflowes；c CoMoO$_4$@MnO$_2$ nanoflowes

大于 MnO_2 纳米片比表面积 79.37 $m^2 \cdot g^{-1}$ 及 $CoMoO_4$ 花状结构的比表面积 46.02 $m^2 \cdot g^{-1}$。这是由于 MnO_2 纳米片较好地包覆在了 $CoMoO_4$ 花状结构的每一个片层表面，这种核壳结构材料能够使得材料的表面积充分地表露出来，提高了比表面积。

3.4 三电极条件下的电化学性能测试

实验是在 2 $mol \cdot L^{-1}$ KOH 电解液中对所合成材料在三电极体系条件下进行测试的。

3.4.1 $CoMoO_4$ 电极材料电化学性能

图 3-12 为在不同反应时间 0.5 h、2 h、4 h、8 h、12 h 和 16 h 的 $CoMoO_4$ 电极材料在扫描速度为 40 $mV \cdot s^{-1}$ 时的循环伏安曲线测试。从图中可以看出在反应时间为 4 h 得到的 $CoMoO_4$ 花状结构电极的循环伏安曲线面积和峰电流最大，表明其存储电荷量最多。因此，本书选择 $CoMoO_4$ 花状结构电极作为研究目标，并且后续研究核壳结构电极将以 $CoMoO_4$ 花状结构为核部分。

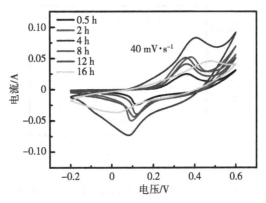

图 3-12 $CoMoO_4$ 电极材料在不同反应时间 0.5 h、2 h、4 h、8 h、12 h、16 h，扫描速度为 40 $mV \cdot s^{-1}$ 时的循环伏安曲线

Fig. 3-12 CV curves of $CoMoO_4$ electrode at the different reaction time 0.5 h, 2 h, 4 h, 8 h, 12 h, 16 h and the same scan rate 40 $mV \cdot s^{-1}$

第 3 章　CoMoO₄@MnO₂ 核壳纳米复合材料的构筑及电容性能研究

图 3-13 是对 CoMoO$_4$ 纳米花状电极材料电化学性能测试。图 3-13 a 为 CoMoO$_4$ 纳米花状电极分别在不同扫速 5 mV·s^{-1}、10 mV·s^{-1}、30 mV·s^{-1}、50 mV·s^{-1}、80 mV·s^{-1} 和 100 mV·s^{-1} 条件下的循环伏安曲线测试。从图中可以看出 CoMoO$_4$ 花状结构材料的循环伏安曲线有一对明显的氧化还原峰出现，说明该材料为赝电容储能机制。随着扫速的增加，循环伏安曲线的面积增大、峰电流也变大，但是，循环伏安曲线的形状并未发生大的改变。这说

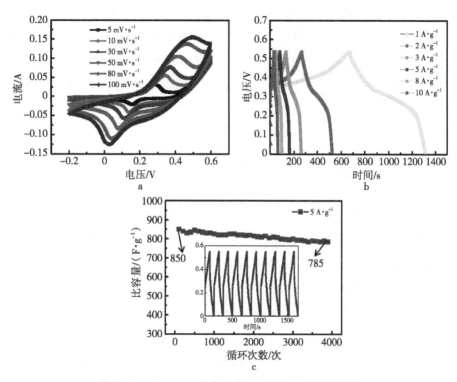

图 3-13　CoMoO$_4$ 纳米花电极材料电化学性能测试

a CoMoO$_4$ 纳米花电极在不同扫速条件下的循环伏安曲线；b CoMoO$_4$ 花状结构电极在不同电流密度条件下的充放电曲线；c CoMoO$_4$ 花状结构电极材料循环测试 4000 次，图中的内嵌图为 CoMoO$_4$ 花状结构电极在电流密度为 5 A·g^{-1} 条件下的前十圈充分放电曲线

Fig. 3-13　Electrochemical performance of CoMoO$_4$ nanoflowers electrode

a CV curves of the CoMoO$_4$ nanoflowers electrode collected at different scan rates; b Charge and discharge curves of the as-preapred CoMoO$_4$ collected at different current densities; c Cycle performance of the CoMoO$_4$ nanoflowers electrode for 4000 cycles, The inset is the charge-discharge curve of the CoMoO$_4$ nanoflowers electrode at a current density of 5 A·g^{-1} for the first ten cycles

明随着扫速的增加,电化学反应速度加快,存储的电荷量增多。在较大的扫速下测试循环伏安曲线形状未发生大的改变,说明该电极材料具有较好的稳定性。图3-13 b 为 $CoMoO_4$ 花状结构电极材料分别在不同电流密度 $1 A·g^{-1}$、$2 A·g^{-1}$、$3 A·g^{-1}$、$5 A·g^{-1}$、$8 A·g^{-1}$、$10 A·g^{-1}$ 条件下的充放电曲线测试。根据比容量式(3-1)计算其在不同电流密度 $1 A·g^{-1}$、$2 A·g^{-1}$、$3 A·g^{-1}$、$5 A·g^{-1}$、$8 A·g^{-1}$ 和 $10 A·g^{-1}$ 条件下的比容量分别为 $1210 F·g^{-1}$、$1080 F·g^{-1}$、$900 F·g^{-1}$、$850 F·g^{-1}$、$768 F·g^{-1}$ 和 $700 F·g^{-1}$。图3-13 c 为在电流密度 $5 A·g^{-1}$ 条件下,$CoMoO_4$ 花状结构电极材料的循环稳定性测试。经4000次循环后电极的比容量保持率为92.3%。图3-13 c 中的内嵌图为前十圈的充放电测试曲线图,可以看出曲线形状没有明显的变化,说明具有较好的稳定性。

3.4.2 MnO_2 纳米片状电极材料电化学性能

图3-14 为 MnO_2 纳米片状结构电极材料的电化学性能测试。图3-14 a 为 MnO_2 纳米片的循环伏安测试。当扫速从 $5 mV·s^{-1}$ 不断增加到 $100 mV·s^{-1}$ 时,曲线仍然保持良好的对称性且依然近似矩形。这说明 MnO_2 纳米片具有很强的电容特性和较好的结构稳定性。

图3-14 b 为 MnO_2 纳米片结构材料在不同电流密度下的恒流充放电曲线,电流密度分别为 $1 A·g^{-1}$、$2 A·g^{-1}$、$3 A·g^{-1}$、$5 A·g^{-1}$、$8 A·g^{-1}$ 和 $10 A·g^{-1}$,工作电压为 $0~0.5 V$。从图中可以看出,当电流密度从 $1 A·g^{-1}$ 增加到 $10 A·g^{-1}$ 时,根据比容量方程式(3-1)计算其在不同电流密度条件下的比容量,分别为 $660 F·g^{-1}$、$520 F·g^{-1}$、$480 F·g^{-1}$、$400 F·g^{-1}$、$368 F·g^{-1}$ 和 $300 F·g^{-1}$。当电流密度从 $1 A·g^{-1}$ 增加到 $10 A·g^{-1}$ 时,比电容保持率为45%,这表明所制备的 MnO_2 纳米片结构电极材料具有良好的倍率性能。

图3-14 c 为电流密度 $5 A·g^{-1}$ 条件下的稳定性测试。经4000次循环后电极的比容量保持率为92.7%;图3-14 c 中内嵌图为前十圈的充放电测试曲线,可以看出曲线形状基本一致,说明 MnO_2 纳米片具有较好的稳定性。

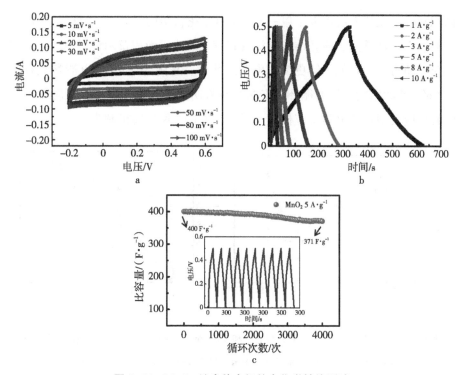

图 3-14 MnO$_2$ 纳米片电极的电化学性能测试

a 扫速不同条件下的循环伏安测试；b 电流密度不同条件下的充放电曲线测试；c 循环 4000 圈，内嵌图为前十圈充分放电曲线

Fig. 3-14 The electrochemical performance of MnO$_2$ nanosheets electrode

a CV curves at different scan rates; b Charge and discharge curves at different current densities; c Cycle performance for 4000 cycles, The inset is the charge-discharge curve for the first ten cycles

3.4.3 CoMoO$_4$@MnO$_2$ 电极材料电化学性能

图 3-15 为所制备材料 CoMoO$_4$、MnO$_2$ 和 CoMoO$_4$@MnO$_2$ 的循环伏安和交流阻抗测试。图 3-15 a 分别为泡沫镍导电基底、CoMoO$_4$ 花状结构、MnO$_2$ 纳米片和 CoMoO$_4$@MnO$_2$ 核壳结构在相同的扫速为 5 mV·s^{-1}，电压窗口为 -0.2~0.6 V 条件下的循环伏安曲线。从图中可以看出，泡沫镍导电基底的循环伏安曲线面积小于其他材料的循环伏安曲线面积，这说明镍网所占的比容量可忽略不计。CoMoO$_4$@MnO$_2$ 核壳结构电极材料的循环伏安曲线图的

面积和峰电流的强度都大于单一的 CoMoO$_4$ 花状结构材料和 MnO$_2$ 纳米片材料的电极，这是由于核壳结构材料具有较大的比表面积及两种材料之间协同效应，使得该材料能存储更多的电荷。此外，从图 3-15 a 可以清晰地看出 CoMoO$_4$ 花状结构电极的循环伏安曲线有着明显的氧化还原峰，证明材料的电容反应机制是赝电容反应机制。相应的氧化还原反应机制为：

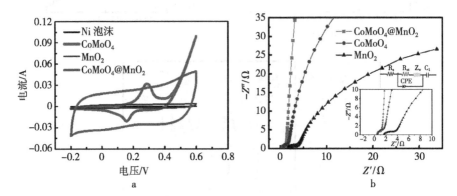

图 3-15 所制备材料 CoMoO$_4$、MnO$_2$ 和 CoMoO$_4$@MnO$_2$ 循环伏安和阻抗的测试

a 泡沫镍导电基底、CoMoO$_4$ 花状结构、MnO$_2$ 纳米片和 CoMoO$_4$@MnO$_2$ 核壳结构材料在 5 mV·s^{-1} 的循环伏安曲线；b CoMoO$_4$ 花状结构、MnO$_2$ 片状结构和 CoMoO$_4$@MnO$_2$ 花状结构的阻抗

Fig. 3-15 CV and Impedance Nyquist plots of CoMoO$_4$，MnO$_2$ and CoMoO$_4$@MnO$_2$

a CV curves of the Ni foam, CoMoO$_4$ nanoflowers, MnO$_2$ nanosheets and CoMoO$_4$@MnO$_2$ nanoflowers at a scan rate of 5 mV·s^{-1}；b Impedance Nyquist plots of the CoMoO$_4$ nanoflowers, MnO$_2$ nanosheets and CoMoO$_4$@MnO$_2$ nanoflowers electrodes

$$3[Co(OH)_3]^- \rightleftharpoons Co_3O_4 + 4H_2O + OH^- + 2e^- \quad (3-4)$$

$$Co_3O_4 + H_2O + OH^- \rightleftharpoons 3CoOOH + e^- \quad (3-5)$$

$$CoOOH + OH^- \rightleftharpoons CoO_2 + H_2O + e^- \quad (3-6)$$

CoMoO$_4$ 电化学容量主要是由于 Co^{2+}/Co^{3+} 氧化还原电对可逆的电子转移，在碱性电解液中通过 OH$^-$ 进行调节。Mo 原子在反应中没有参与任何氧化还原反应，因此，钼的氧化还原反应行为对于容量没有贡献。MnO$_2$ 在 KOH 中的法拉第反应如下：

$$(MnO_2)_{surface} + K^+ + e^- \rightleftharpoons (MnO_2^-K^+)_{surface} \quad (3-7)$$

$$(MnO_2)_{bulk} + K^+ + e^- \rightleftharpoons (MnOOK)_{bulk} \quad (3-8)$$

从图 3-15a 中可以看出，当 CoMoO$_4$ 花状结构材料表面包覆了一层

MnO_2 纳米片之后,核壳结构的 $CoMoO_4$@MnO_2 花状结构材料循环伏安曲线形状类似于矩形,这是 MnO_2 在 KOH 中的赝电容反应机制的呈现。此外,快速可逆连续的表面氧化还原反应对循环伏安曲线形状有很大的影响。

进一步探究 $CoMoO_4$@MnO_2 花状结构作电极材料的优势。于是,对 MnO_2 纳米片、$CoMoO_4$ 花状结构和 $CoMoO_4$@MnO_2 花状结构进行交流阻抗,如图 3-15 b 所示。图中 Z' 和 Z'' 分别代表 Nyquist 曲线的实部和虚部。通过该曲线与实轴存在的交点数值能大概估算出电解液的电阻 R_s 的大小,它表示电解液离子、活性材料的固有电阻,以及活性材料与导电集流体接触电阻的总和。奈奎斯特图的半圆对应于法拉第反应。半圆的半径代表界面电荷转移阻抗 R_{ct}。图 3-15 b 中内嵌图给出了等效电路与 EIS 曲线测试对应的 R_s、R_{ct}。Z_w 和 CPE 分别是 Warburg 阻抗。3 种材料阻抗谱图的形状相似,都是由一个在高频区域类半圆弧及在低频区域一个线性部分组成的。在高频区域,$CoMoO_4$@MnO_2 花状电极与 $CoMoO_4$ 花状结构和 MnO_2 纳米片结构相比较,具有较小的内部阻抗。这表明 $CoMoO_4$@MnO_2 花状电极具有较好导电性。此外,$CoMoO_4$@MnO_2 花状电极也具有较小的电子转移阻抗和较小扩散阻抗。

以上结果都说明了核壳结构的 $CoMoO_4$@MnO_2 花状结构材料具有较低电子转移阻抗,这将有利于电解液中离子和电子更好地扩散到活性材料中,加快反应的进行。

图 3-16 为核壳结构的 $CoMoO_4$@MnO_2 花状结构材料的电化学性能测试。图 3-16 a 为核壳结构 $CoMoO_4$@MnO_2 在扫速 5 $mV \cdot s^{-1}$、10 $mV \cdot s^{-1}$、20 $mV \cdot s^{-1}$、30 $mV \cdot s^{-1}$、50 $mV \cdot s^{-1}$、80 $mV \cdot s^{-1}$ 和 100 $mV \cdot s^{-1}$ 时的循环伏安测试。可以看出,所有的循环伏安曲线峰电流呈现线性增加,并且随着扫描速度的增加,曲线形状未发生大的改变。这说明电化学反应的速度比较快,而且材料的稳定性较好。

为了检验 $CoMoO_4$@MnO_2 花状复合材料的倍率性能,在不同的电流密度下进行充放电测试,如图 3-16 b 所示。可以看出每一个充放电曲线都具有较好的对称性,说明材料具有较好的可逆氧化还原反应行为。在三电极体系中,所制备的 3 种材料在不同电流密度条件下的比容量对比如图 3-16 c 所示。其中 $CoMoO_4$@MnO_2 在 1 $A \cdot g^{-1}$、2 $A \cdot g^{-1}$、3 $A \cdot g^{-1}$、5 $A \cdot g^{-1}$、8 $A \cdot g^{-1}$ 和 10 $A \cdot g^{-1}$ 的电流密度下,比容量分别为 1800 $F \cdot g^{-1}$、1680 $F \cdot g^{-1}$、

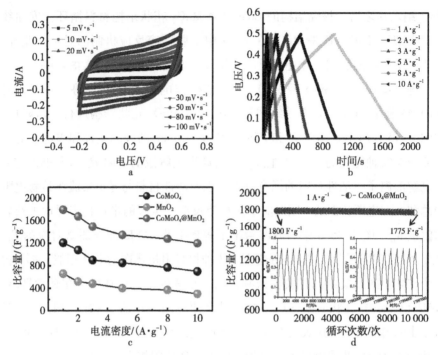

图 3-16 核壳结构的 CoMoO₄@MnO₂ 纳米花状材料的电化学性能测试

a，b CoMoO₄@MnO₂ 纳米花在 2 mol·L⁻¹ KOH 溶液中，不同扫速和不同电流密度条件下的循环伏安和恒电流充放电曲线；c CoMoO₄ 纳米花、MnO₂ 纳米片和 CoMoO₄@MnO₂ 纳米花状结构电极在相同电流密度条件下的能量比较；d CoMoO₄@MnO₂ 纳米花状结构循环 10 000 圈，内嵌图为前十圈和最后十圈的充放电数据

Fig. 3-16 The electrochemical performance of CoMoO₄@MnO₂ nanoflowers

a, b CV and galvanostatic charge-discharge curves of the CoMoO₄@MnO₂ nanoflowers at different scan rates and different current densities; c Ragone plots of CoMoO₄ nanoflowers, MnO₂ nanosheets, and CoMoO₄@MnO₂ nanoflowers electrodes; d Cycling performance of CoMoO₄@MnO₂ nanoflowers (10 000 cycles), The insets show the charge-discharge curve of the first cycles and thousands of cycles

1500 F·g⁻¹、1350 F·g⁻¹、1280 F·g⁻¹ 和 1100 F·g⁻¹。同时 CoMoO₄@MnO₂ 电极比 CoMoO₄（如比容量为 1210 F·g⁻¹、电流密度为 1 A·g⁻¹）和 MnO₂（如比容量为 660 F·g⁻¹、电流密度为 1 A·g⁻¹）具有更高的比容量。除此之外，即使在 10 A·g⁻¹ 这样较高的电流密度下，CoMoO₄@MnO₂ 仍然具有较高的比容量（1100 F·g⁻¹），说明材料具有较高的比容量及较好的倍率性能。电流密度逐渐增大，比容量逐渐减少。这是由于电流密度的增大，

第3章　CoMoO$_4$@MnO$_2$核壳纳米复合材料的构筑及电容性能研究

会反应加快的同时也会增加压降。此外，在较高电流密度条件下活性材料不能全部参与氧化还原反应，也是引起电极材料比容量降低的一个很重要的原因。循环稳定性也是衡量电容器在实际应用中的性能好坏的重要指标。实验中探索了CoMoO$_4$@MnO$_2$电极材料在电流密度为1 A·g^{-1}，10 000次循环的稳定性研究。从图3-16 d可以看出CoMoO$_4$@MnO$_2$花状结构电极展现出很好的循环稳定性，经10 000次循环后容量损失只有1.4%。从内嵌图中可以看出充放电曲线在10 000次循环后，仍然具有很好的对称性，这表明在循环测试过程中材料的结构并没有发生改变。

实验将核壳结构的CoMoO$_4$@MnO$_2$花状电极弯折后测试其循环伏安曲线和充放电情况，如图3-17所示。图3-17 a至图3-17 d为花状的CoMoO$_4$@MnO$_2$核壳结构电极弯曲为4种形式的实物图片（插图为弯折形式的示意）。

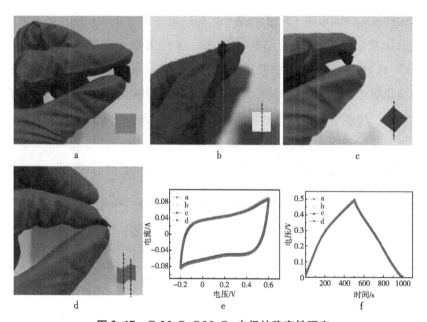

图3-17　CoMoO$_4$@MnO$_2$电极的稳定性研究

a~d CoMoO$_4$@MnO$_2$电极弯曲不同形式的实物；e CoMoO$_4$@MnO$_2$电极弯曲不同形式测试的循环伏安曲线；f CoMoO$_4$@MnO$_2$花状电极弯曲不同形式的充放电曲线

Fig. 3-17　stability study of CoMoO$_4$@MnO$_2$ electrode

a-d Images of the CoMoO$_4$@MnO$_2$ electrode undergo bending under different forms; e CV curves of the CoMoO$_4$@MnO$_2$ nanoflowers electrode after bending; f Charge-discharge curves of the CoMoO$_4$@MnO$_2$ nanoflowers electrode after bending

在三电极体系中，以 2 mol·L^{-1} KOH 溶液作为电解质对上述 4 种弯曲形式的材料进行了电化学性能测试。图 3-17 e 为 4 种不同弯曲形式的循环伏安曲线测试。从图可以看出，这 4 种形式的循环伏安曲线基本重合。进一步测试了这 4 种不同弯曲形式的充放电，如图 3-17 f 所示。可以看出其充放电曲线图也基本重合，没有明显的不同。这说明电极材料具有较好的力学性能，在不同形式的弯曲条件下，仍然具有较好的稳定性。通过以上的实验，可以看出核壳结构的 $CoMoO_4$@MnO_2 电极材料具有最佳的电化学性能，这主要是由于材料特殊的核壳结构及不同种复合后材料之间的协同效应共同作用的结果，具体原因有以下几点：第一，核壳结构的 $CoMoO_4$@MnO_2 片与片之间具有空隙，相互交织形成多孔结构，这不仅能够扩大材料的比表面积，也能为氧化物在充放电过程的体积膨胀提高足够的空间；第二，花状纳米结构材料能够缩短离子的扩散路径，加快离子和电子的传输；第三，相互交织的片状结构维持核壳结构的稳定，保持电极结构的完整性；第四，$CoMoO_4$ 和 MnO_2 都是很好的赝电容材料，它们都是多价态电极材料，能够发生法拉第可逆氧化还原反应，从而可提供更高的比电容。通过两者复合所得的材料，将能够发挥各自材料的优势进而实现高的比电容。

表 3-1 给出了文献中 $CoMoO_4$@MnO_2 与单一的 $CoMoO_4$ 和 MnO_2 电极材料的对比数据，可以看出两种材料复合后的核壳结构材料具有更好的性能。

表 3-1 文献中 $CoMoO_4$@MnO_2 与单一的 $CoMoO_4$ 和 MnO_2 电极材料的对比

Table 3-1 The electrochemical performance of $CoMoO_4$@MnO_2 compared with the references

电极材料	电流密度/$(A·g^{-1})$	比容量/$(F·g^{-1})$	循环次数/次	容量保留	参考文献
MnO_2 纳米棒	1	150	1000	91.4%	[106]
石墨烯包覆 MnO_2 纳米球	0.5	9.6	210	82.4%	[107]
$MnMoO_4$/$CoMoO_4$ 异质结构纳米线	3	134.7	1000	98%	[37]
$CoMoO_4$/石墨烯复合材料	1	394.5	500	78.4%	[108]
石墨烯/MnO_2	2.2	315	5000	95%	[76]

续表

电极材料	电流密度/($A·g^{-1}$)	比容量/($F·g^{-1}$)	循环次数/次	容量保留	参考文献
$CoMoO_4·0.75H_2O$ 纳米棒	1	380	1000	90.4%	[109]
电沉积 MnO_2 纳米线/碳纳米管	0.77	167.5	3000	88%	[110]
MnO_2 包覆碳纳米管	2	123	1300	69.9%	[111]
分级 $3DCoMoO_4$ 纳米片	1	352	5000	85.98%	[112]
$CoO@Ni(OH)_2$ 纳米片	4.55	307	2000	95.1%	[113]
$MnO_2/Mn/MnO_2$ 三明治纳米管阵列	1.5	955	3000	95%	[114]
石墨烯-MnO_2 纳米复合物	0.2	165.9	1000	84.1%	[115]
$CoMoO_4@MnO_2$ 花状结构材料	1	1800	10 000	98.6%	本书实验值

3.5 两电极条件下的电化学性能

为了进一步探索合成材料在实际应用中的可能性,实验中组装了非对称电容器器件。以 $CoMoO_4@MnO_2$ 花状结构电极作正极材料,活性炭作负极材料,制备非对称型器件 $CoMoO_4@MnO_2$//AC。实验对制备的 $CoMoO_4$//AC、MnO_2//AC 非对称器件与 $CoMoO_4@MnO_2$//AC 非对称器件进行性能对比。实验中也制备了 AC//AC 对称型器件,用来与 $CoMoO_4@MnO_2$//AC 非对称器件进行对比。当正负极电荷平衡时候,电荷储量(q)与比容量(C)器件电压(ΔV)及参与反应的活性物质质量(m)有如下关系:

$$q = C \times \Delta V \times m \quad (3-9)$$

在两个电极之间的最佳质量比可表示如下:

$$m_+/m_- = (C_- \times \Delta V_-)/(C_+ \times \Delta V_+) \quad (3-10)$$

在对制备的非对称型和对称型器件进行性能测试之前,先计算正负极材料电荷匹配所需要负极材料质量后,再制备负极材料,使得正极和负极之间具有较好的匹配。

3.5.1 CoMoO$_4$∥AC 非对称型器件性能

本部分为了进一步研究由合成材料所组装的器件在实际应用中的性能。图 3-18 为正极材料 CoMoO$_4$、MnO$_2$、CoMoO$_4$@MnO$_2$ 和负极活性炭电极材料在扫描速度为 5 mV·s^{-1}、2 mol·L^{-1} KOH 电解液条件下的循环伏安曲线测试。

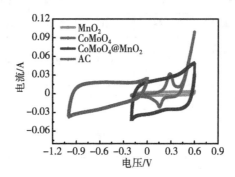

图 3-18 正极材料 CoMoO$_4$@MnO$_2$、CoMoO$_4$、MnO$_2$ 和负极活性炭电极材料在相同扫描速度 5 mV·s^{-1} 和 2 mol·L^{-1} KOH 电解液条件下的循环伏安曲线

Fig. 3-18 CV curves of the CoMoO$_4$@MnO$_2$ nanoflowers, CoMoO$_4$ nanoflowrs, MnO$_2$ nanosheets and active carbon electrodes performed in a three-electrode cell in 2 mol·L^{-1} KOH electrolyte at a scan rate of 5 mV·s^{-1}

CoMoO$_4$、MnO$_2$ 和 CoMoO$_4$@MnO$_2$ 的电位窗口是 -0.2~0.6 V；活性炭电极材料的电位窗口是 -1.0~0 V，将 CoMoO$_4$、MnO$_2$ 和 CoMoO$_4$@MnO$_2$ 分别与活性炭匹配成非对称型器件的电压近似等于是正极的电压窗口减去负极的电压窗口。因此，CoMoO$_4$、MnO$_2$ 和 CoMoO$_4$@MnO$_2$ 这 3 种材料组装成非对称型器件理论电压窗口可达 1.6 V。对于对称型 AC∥AC 器件，电位窗口为 0~1.0 V。

图 3-19 为 CoMoO$_4$∥AC 非对称型器件性能测试。从图 3-19 a 可以看出，在相同扫速 15 mV·s^{-1} 条件下电位窗口从 0~0.8 V、0~1.0 V、0~1.2 V、0~1.4 V 和 0~1.6 V 进行连续的改变，电位窗口在 0~1.6 V 时循环伏安曲线形状未发生改变，也没有析氢、析氧峰出现，这说明 CoMoO$_4$∥AC 电位

窗口可以稳定在 0~1.6 V。因此 CoMoO$_4$//AC 非对称型器件后续研究测试，可以以 0~1.6 V 为研究电压窗口，进行其电化学性能的研究。

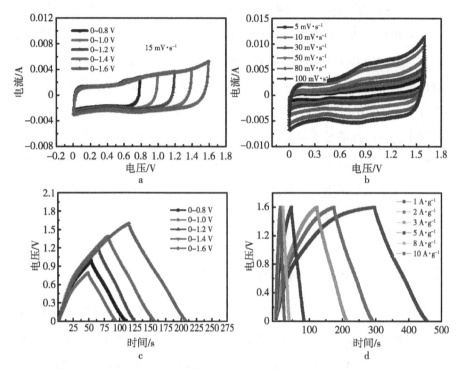

图 3-19　CoMoO$_4$//AC 非对称器件的电化学性能测试

a CoMoO$_4$//AC 非对称型器件在相同扫速 15 mV·s^{-1}、不同电位条件下的循环伏安曲线；b CoMoO$_4$//AC 非对称型器件在不同扫速条件下的循环伏安曲线；c MnO$_2$//AC 非对称型器件在不同电位窗口条件下的充放电曲线；d CoMoO$_4$//AC 非对称型器件在相同的电位窗口 1.6 V、不同电流密度条件下的充放电曲线

Fig. 3-19　The electrochemical performance of the CoMoO$_4$//active carbon device

a CV curves of the CoMoO$_4$//active carbon supercapacitor collected at various scan rates within a potential range of 0.8~1.6 V; b CV curves of of the CoMoO$_4$//active carbon supercapacitor collected; c Charge and discharge curves of the CoMoO$_4$//active carbon supercapacitor collected at various potential ranges of 0.8~1.6 V; d Charge-discharge curves of the CoMoO$_4$//active carbon supercapacitor collected at different current densities

图 3-19 b 为 CoMoO$_4$//AC 非对称型器件在不同扫速条件下的循环伏安曲线。从图中可以看出循环伏安曲线形状类似于矩形，说明具有较好的电化学行为。并且，随着扫速的增加，曲线面积和峰电流均不断增加。并

且峰电流随着扫速增加，呈线性增加。这些都说明该器件具有较好的电化学性能。

图 3-19 c 为该器件在不同电压窗口（0~0.8 V、0~1.0 V、0~1.2 V、0~1.4 V 和 0~1.6 V）和 3 A·g^{-1} 的电流密度条件下的充放电曲线。可以看出，非对称型的 CoMoO$_4$∥AC 器件充放电曲线保持很好的对称性，而且电压窗口可以稳定在 0~1.6 V，与图 3-19 a 循环伏安曲线工作窗口相一致。图 3-19 d 为在 0~1.6 V 的工作电位窗口，不同电流密度下的充放电测试，可被用来进行后续能量密度和功率密度的计算。从图中可以看出，随着电流密度增加，放电曲线面积变小，放电时间也变短，说明比容量随着扫速的增加在逐渐变小。这是由于电流密度增加，伴随着反应过程中材料可能有少量未完全参与反应及反应不可逆变化等原因造成的。

3.5.2 MnO$_2$∥AC 非对称型器件性能

图 3-20 为 MnO$_2$∥AC 非对称型器件的化学性能测试。从图 3-20 a 可以看出，在相同扫速 15 mV·s^{-1} 条件下电位窗口从 0~0.8 V、0~1.0 V、0~1.2 V、0~1.4 V 和 0~1.6 V 逐渐改变，电位窗口在 0~1.6 V 时循环伏安曲线形状未发生改变，说明 MnO$_2$∥AC 电位窗口可以稳定在 0~1.6 V。

图 3-20 b 为 MnO$_2$∥AC 非对称型器件在不同扫速条件下循环伏安曲线测试。从图中可以看出循环伏安曲线随着扫速加快，曲线面积和电流均变大，说明电化学反应速率加快。

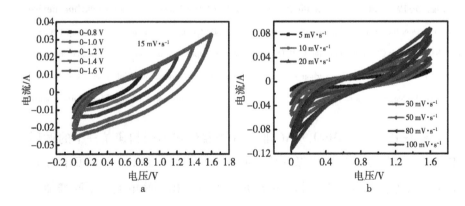

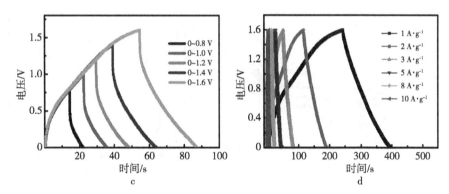

图 3-20　$MnO_2 /\!/ AC$ 非对称型器件的电化学性能测试

a 在扫速为 15 mV·s⁻¹时、不同电位窗口条件下的循环伏安曲线；b 在不同扫速条件下的循环伏安曲线；c 在不同电位窗口条件下的充放电曲线；d 在相同的电位窗口 1.6 V、不同电流密度条件下的充放电曲线

Fig. 3-20　The electrochemical performance of he $MnO_2 /\!/$ active carbon supercapacitor

a CV curves of the supercapacitor collected at various scan rates within a potential range of 0.8~1.6 V; b CV curves of the supercapacitor collected at different scan rates; c Charge and discharge curves of the supercapacitor collected at various potential ranges of 0.8~1.6 V; d Charge-discharge curves of the supercapacitor collected at different current densities

图 3-20 c 为该器件在不同电压窗口 0~0.8 V、0~1.0 V、0~1.2 V、0~1.4 V 和 0~1.6 V,电流密度为 3 A·g⁻¹条件下充放电曲线测试。可以看出,非对称型 $CoMoO_4 /\!/ AC$ 器件的充放电电压窗口可以在 0~1.6 V,与图 3-20 a 的循环伏安曲线窗口一致,最高可达 1.6 V。图 3-20 d 为对该器件在不同扫速条件下的充放电测试,用于后续计算能量密度和功率密度。

3.5.3　$AC /\!/ AC$ 对称型器件性能

图 3-21 为 $AC /\!/ AC$ 对称型器件的电化学性能测试。图 3-21 a 为 $AC /\!/ AC$ 对称型器件在不同扫速 5 mV·s⁻¹、10 mV·s⁻¹、30 mV·s⁻¹、50 mV·s⁻¹、80 mV·s⁻¹和 100 mV·s⁻¹条件下循环伏安曲线。可以看出随着扫速加快,曲线面积也不断增大,但是曲线形状却依然保持不变。图 3-21 b 为 $AC /\!/ AC$ 对称型器件在不同电流密度下的充放电曲线,曲线的对称性较好,没有氧化还原平台出现,与循环伏安曲线一致。该部分测试用来计算后续的能量密度和功率密度。

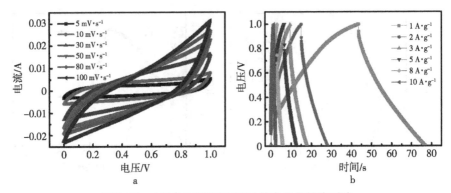

图 3-21 AC∥AC 对称型器件的电化学性能测试

a AC∥AC 对称型器件在不同扫速、0~1.0 V 相同电位窗口条件下的循环伏安曲线；b AC∥AC 对称型器件在不同电流密度条件下的充放电曲线

Fig. 3-21 The electrochemical performance of AC∥AC supercapacitor

a CV curves of the AC∥AC supercapacitor device collected at various scan rates within a potential range of 0~1.0 V; b Charge-discharge curves of the AC∥AC supercapacitor device collected at different current densities

3.5.4 $CoMoO_4@MnO_2$∥AC 非对称型器件性能

图 3-22 为 $CoMoO_4@MnO_2$∥AC 非对称型器件的电化学性能测试。图 3-22 a 为组装成 $CoMoO_4@MnO_2$∥AC 非对称型器件在扫描速度为 15 mV·s^{-1}，电压从 0.8~1.6 V 下进行循环伏安测试测试，目的是进一步确定电容器的电压范围。由图可以看出，全电池的循环伏安曲线形状类似矩形，在不同的电位窗口下都具有较好的稳定性。即使电位窗口扩大到 1.6 V 时，曲线形状依然未发生改变，也没有明显的析氢反应出现，这表明 $CoMoO_4@MnO_2$ 与活性炭（AC）匹配制备的非对称件器件的电压窗口能够在 0~1.6 V 稳定。

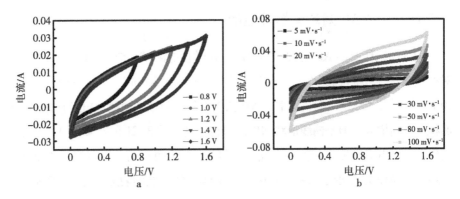

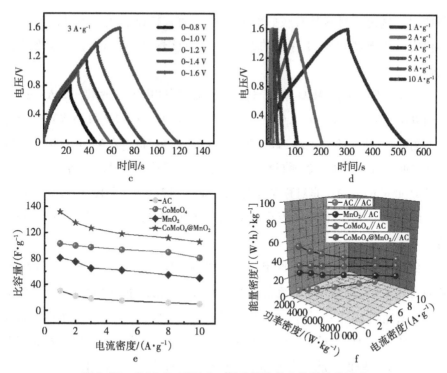

图 3-22　CoMoO$_4$@MnO$_2$∥AC 器件的电化学性能测试

a 在不同电位、相同扫速 5 mV·s^{-1} 的循环伏安曲线；b 在不同扫速下的循环伏安曲线；c 改变不同电位而在相同电流密度 3 A·g^{-1} 时的充放电曲线；d 在不同电流密度下材料的充放电对比；e CoMoO$_4$@MnO$_2$∥AC、CoMoO$_4$∥AC、MnO$_2$∥AC 和 AC∥AC 在不同电流密度条件下的比容量；f 相同电流密度条件下的能量曲线

Fig. 3-22　The electrochemical performance of CoMoO$_4$@MnO$_2$∥AC supercapacitor

a CV curves collected at different potential voltages at a scan rate of 5 mV·s^{-1}; b CV curves collected at various scan rates; c Charge-discharge curves collected at various potential voltages at the current density of 3 A·g^{-1}; d Charge-discharge curves of the optimized CoMoO$_4$ asymmetric supercapacitor MnO$_2$∥AC collected at various current densities; e The specific capacitance of CoMoO$_4$@MnO$_2$∥AC, CoMoO$_4$∥AC, MnO$_2$∥AC and AC∥AC at different current densities; f The ragone plots relating power density to energy density of asymmetric supercapacitor devices

对于 CoMoO$_4$@MnO$_2$∥AC 非对称型器件的后续性能测试电压范围可以选择为 0~1.6 V。

图 3-22 b 给出了 CoMoO$_4$@MnO$_2$∥AC 非对称器件在电位窗口为 0~1.6 V，不同扫速条件下的循环伏安测试。扫速加快曲线面积变大，峰电流也逐

渐增加，这说明材料具有较好的电容性。随着扫速加快，还可以看出循环伏安曲线形状仍然没有大的改变，说明该器件具有较好的电化学稳定性。

实验对 $CoMoO_4@MnO_2/\!/AC$ 非对称型器件在相同电流密度（$3\ A\cdot g^{-1}$）、不同电位（$0\sim0.8\ V$、$0\sim1.0\ V$、$0\sim1.2\ V$、$0\sim1.4\ V$ 和 $0\sim1.6\ V$）进行充放电测试，相应曲线如图 3-22 c 所示。$CoMoO_4@MnO_2/\!/AC$ 非对称型器件充放电曲线近似对称，表明材料在整个电压区间具有较好的电容性。并且，$CoMoO_4@MnO_2/\!/AC$ 非对称型器件电压能达到 1.6 V，与图 3-22 a 循环伏安曲线结论一致。不同电流密度条件下材料的充放电曲线如图 3-22 d 所示。

根据充放电曲线计算不同电容器的比容量如图 3-22 e 所示。$CoMoO_4@MnO_2/\!/AC$ 非对称器件在电流密度为 $1\ A\cdot g^{-1}$ 的比容量为 $152\ F\cdot g^{-1}$。当电流密度增加到 $10\ A\cdot g^{-1}$ 时，比容量仍然能达到 $106\ F\cdot g^{-1}$。而在相同条件下，$CoMoO_4/\!/AC$ 非对称器件、$MnO_2/\!/AC$ 非对称器件和 $AC/\!/AC$ 对称型器件比容量都比较低。能量密度和功率密度可通过式（3-2）和式（3-3）进行计算，其值如图 3-22 f 所示。可以看出 $CoMoO_4@MnO_2/\!/AC$ 非对称器件能量密度和功率密度要高于 $CoMoO_4/\!/AC$ 非对称器件、$MnO_2/\!/AC$ 非对称器件及 $AC/\!/AC$ 对称型器件。复合材料的非对称器件在功率密度为 $800\ W\cdot kg^{-1}$ 时，能量密度可达 $54\ (W\cdot h)\cdot kg^{-1}$，可以与锂离子电池的能量密度相媲美。即是当功率密度增加到 $8000\ W\cdot kg^{-1}$，器件能量密度仍然能达到 $35.5\ (W\cdot h)\cdot kg^{-1}$。

表 3-2 给出了不同文献钼酸盐材料、二氧化锰等材料及其复合材料（$CoMoO_4@MnO_2/\!/AC$）非对称器件能量密度大小与本实验能量密度的对比，可以看出本实验器件的能量密度较高。

表 3-2 不同文献 CoMoO$_4$@MnO$_2$//AC 非对称器件的能量密度与本书实验所得能量密度对比

Table 3-2 The energy density of CoMoO$_4$@MnO$_2$//AC asymmetric supercapacitors (ACS) compared with the references

器件	电压窗口/V	非对称性器件(ASC)	对称型器件(SSC)	能量密度/[(W·h)·kg^{-1}]	参考文献
graphene//graphene	0~1.0	—	SSC	2.80	[114]
MnO$_2$//graphene					
NiMoO$_4$//rGO	0.7~1.1	ASC	—	12.31	[115]
NiMoO$_4$·xH$_2$O//AC	0~1.6	ASC	—	34.40	[116]
MnO$_2$-CNT-graphene//MnO$_2$-CNT-graphene	0~1.4	—	SSC	29.00	[117]
3D porous graphene-polyaniline//3D porous graphene-polyaniline	0~0.8	—	SSC	24.00	[39]
MnO$_2$//Fe$_2$O$_3$	0~2.0	ASC	—	41.00	[118]
Ni(OH)$_2$/UGF//a-MEGO	0~2.0	ASC	—	44.00	[119]
Ni(OH)$_2$/CNT/NF//AC	0~1.8	ASC	—	50.60	[120]
FMCNTs//FMCNTs	0~2.0	ASC	—	47.40	[121]
CoMoO$_4$/MnO$_2$//AC	0~1.8	ASC	—	54.00	本书实验值

循环稳定性也是评价器件性能好坏的一个重要因素，实验测试了电流密度为 3 A·g^{-1} 条件下非对称型器件 CoMoO$_4$@MnO$_2$//AC 循环 10 000 次后的稳定性测试如图 3-23 所示。可以看出经过 10 000 次循环后比容量为 105 F·g^{-1}，是初始比容量 125 F·g^{-1} 的 84%。

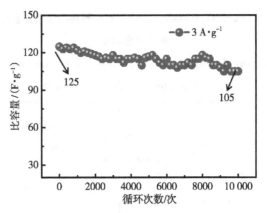

图 3-23 在电流密度为 3 A·g^{-1} 时，非对称型器件 CoMoO$_4$@MnO$_2$∥AC 循环 10 000 次的稳定性测试

Fig. 3-23 Cycle performance of the CoMoO$_4$@MnO$_2$∥AC ASC for 10 000 cycles at 3 A·g^{-1}

3.6 本章小结

通过两步水热法制备得到了花状 CoMoO$_4$@MnO$_2$ 核壳纳米复合结构材料。该材料直接生长在泡沫镍导电基底上，不需要黏结剂和导电剂，且与基体有很好的接触性，降低了接触阻抗。先通过第一步水热法制备得到花状结构 CoMoO$_4$，并以它为复合材料的内核，再进行第二步水热法将 MnO$_2$ 纳米片作为壳层包覆在 CoMoO$_4$ 花状结构表面。

①由于电极材料是直接生长到泡沫镍导电基底上，与基底之间具有较好的结合力，避免了涂抹方法得到电极材料由于与基底结合力差从而导致导电性差的问题。通过 SEM、TEM 和元素分析等表征测试，能够证明该材料的结构为核壳结构材料。MnO$_2$ 纳米片包覆在 CoMoO$_4$ 花状结构每一个片层表面，相互交织形成网络多孔结构。这样结构的电极材料具有较大的比表面积，能够有利于电解液扩散到活性材料中，加快离子和电子与活性材料电化学反应。较好的导电性及较大的比表面积等优势均有利于材料比容量的提高。该核壳结构材料经过循环测试表明还具有较好的循环稳定性，经过 10 000 次循环后比容量损失为 1.4%。并且经过机械弯曲测试、充放电和循环伏安测试结果发现曲线形状均未发生大的改变，这些说明该结构具有较好的稳定性。

②$CoMoO_4$作为电极材料,具有较好的导电性、循环稳定性和倍率性能。然而,它的比容量却比较低。二氧化锰作电极材料,比容量虽然比较高,但是它的导电性较差。因此,将二者结合来构筑核壳花状结构复合材料,借助两种材料的协同效应可以实现电极材料电化学性能的提高。

③研究了$CoMoO_4$@MnO_2作为正极材料、活性炭作为负极的非对称型器件性能。实验中,还制备了$CoMoO_4$∥AC非对称型器件、MnO_2∥AC非对称型器件和AC∥AC对称型器件。结果说明$CoMoO_4$@MnO_2∥AC非对称型器件具有较高的能量密度和功率密度。该非对称器件展现出优异的储能性能〔在功率密度为800 $W·kg^{-1}$时能量密度为54($W·h$)·kg^{-1};当功率密度为8000 $W·kg^{-1}$时,器件的能量密度仍然能达到35.5($W·h$)·kg^{-1}〕,与锂离子电池的能量密度不相上下。并且,测试结果也表明该非对称型器件具有较好的循环稳定性(经10 000次循环后容量保留为84%)。因此,通过合理的结构设计、材料的选择及可行的合成方法制备的复合材料,能够有效提高材料电化学性能。

第4章
Co_3O_4@$CoMoO_4$ 核壳纳米复合材料的构筑及电容性能研究

4.1 引言

通过前面的研究发现材料选择和结构设计对性能提高有很大帮助。在此基础上，本章进一步探索材料选择和结构设计对性能的影响，通过在电解质方面进行改进，尝试制备固态电解质器件。与液态电解质相比，固态电解质制备成的器件相对易于携带，不易出现电解质泄漏、污染环境和稳定性差等问题。超级电容器的性能很大程度上取决于电极材料。Co_3O_4是优异的超级电容器储能材料。作为赝电容机制储能材料，Co_3O_4具有多重价态、储存丰富的电荷的能力、高的理论比容量 3560 $F \cdot g^{-1}$ 等优点。然而，Co_3O_4的循环稳定性和倍率性能相对较差。二元金属氧化物 $CoMoO_4$ 作为电容器电极材料，具有很好的倍率性能和循环稳定性，然而该材料在先前文献报道中它的比容量却相对较低。在本章中设计核壳结构的 Co_3O_4 和 $CoMoO_4$ 复合纳米级结构材料，通过这种特殊结构及复合后材料之间的协同效应来提高电化学性能。

本章采用简单可行环境友好的水热方法直接在泡沫镍基底上制备 Co_3O_4@$CoMoO_4$ 核壳结构材料。研究了以 Co_3O_4@$CoMoO_4$ 为正极材料、碳纳米管为负极的固态电容器器件性能。以直接生长在泡沫镍导电基底上的 Co_3O_4 纳米锥作为核部分，$CoMoO_4$ 纳米片作为壳包覆在 Co_3O_4 纳米锥的表面，进而构筑了核壳结构的 Co_3O_4@$CoMoO_4$ 纳米复合材料。独特的复合纳米核壳结构不仅提供了较大的比表面积，而且也缩短了离子和电子的传输路径，另外，碳纳米管纳米级管状结构利于电解液中离子和电子的传输。本章除研究单一电极的性能测试之外，还设计制备了固态非对称和对称电容器器件，讨论了两者性能优异的原因。

4.2 电极材料的制备和器件组装

实验中所用的原材料均为分析纯。在制备所需材料之前，首先对泡沫镍（裁剪的该导电基底面积大小为 1 cm×1 cm）导电基底进行预先处理。具体操作过程如下：将裁剪的泡沫镍导电基底用丙酮、乙醇、超纯水分别连续超声 30 min 进行清洗。将清洗后的泡沫镍导电基底放置在恒温干燥箱中于 60 ℃ 下干燥处理 12 h。称量干燥好的泡沫镍导电基底质量。活性物质的质量，是通过直接生长在泡沫镍导电基底上的材料和泡沫镍的总质量与最开始泡沫镍基底质量的差值来计算的。实验中通过水热法制备 Co_3O_4 纳米锥、$CoMoO_4$ 纳米片和 Co_3O_4@$CoMoO_4$ 核壳纳米复合结构电极材料。

4.2.1 Co_3O_4 纳米锥结构材料的制备

称量 1.18 g $CoCl_2 \cdot 6H_2O$、1.80 g $CO(NH_2)_2$ 固体溶解在 60 mL 超纯水中，并通过磁力搅拌器不断搅拌 2 h。上述搅拌好的混合溶液转移到 100 mL 不锈钢反应釜中，将处理好的泡沫镍基底放入反应釜中后旋紧密封，在电热恒温鼓风干燥箱中于 120 ℃ 加热反应 10 h。当反应结束后，让反应釜自然冷却到室温后，经真空抽滤得到 Co_3O_4 材料，然后用水和乙醇反复冲洗后，最后在恒温干燥箱中 60 ℃ 干燥处理 12 h。为了提高制备材料结晶度，以及去除材料表面可能存留的 $CO(NH_2)_2$，将干燥后的材料在空气氛中 200 ℃ 的温度下煅烧处理 1 h，最后制得 Co_3O_4 纳米锥。

4.2.2 $CoMoO_4$ 纳米片结构材料的制备

称取 0.14 g $CoCl_2 \cdot 6H_2O$、0.15 g $Na_2MoO_4 \cdot 7H_2O$ 固体粉末，放置在

100 mL 的烧杯中。量取 50 mL 超纯水放入上述 100 mL 烧杯中，并不断进行磁力搅拌 2 h，使称量的 $CoCl_2·6H_2O$ 和 $Na_2MoO_4·7H_2O$ 粉末混合物在超纯水中充分溶解。将上述混合溶液转移到 100 mL 不锈钢反应釜中，再将处理好的泡沫镍基底放入其中，旋紧密封反应釜后在电热恒温鼓风干燥箱中加热至 180 ℃ 处理 10 h。待反应釜自然冷却到室温后，过滤出所制备的产物，用乙醇和水反复冲洗，最后将产物放入到恒温干燥箱中 60 ℃ 干燥 12 h。

4.2.3　Co_3O_4@$CoMoO_4$ 核壳复合结构材料的制备

上述制备得到生长在泡沫镍基底上的 Co_3O_4 纳米锥浸渍到含有 $CoCl_2·6H_2O$、$Na_2MoO_4·7H_2O$ 混合溶液中，随后转移至 100 mL 反应釜中，旋紧反应釜密封在 180 ℃ 下加热 10 h。待反应釜冷却到室温取出材料，用乙醇和水反复冲洗好后，在 60 ℃ 下干燥 12 h，得 Co_3O_4@$CoMoO_4$ 核壳结构纳米复合材料。

4.2.4　碳纳米管电极的制备

首先对碳纳米管进行预处理：称取 1 g 碳纳米管粉末与称量好的体积为 200 mL、质量分数为 68% 的 HNO_3 进行磁力搅拌使其混合，同时在 80 ℃ 下加热处理 24 h。冷却到室温后，用超纯水进行反复离心清洗，直到上清液用 pH 试纸测试为中性后，停止离心清洗。将离心分离后得到的碳纳米管粉末在恒温干燥箱中 60 ℃ 干燥 12 h。作为非对称负极材料的碳纳米管制备是混合质量分数为 80% 碳纳米管、10% 炭黑及 10% PVDF（the binder polyvinylidenefluoride）的黏合剂。将少量的 N-甲基吡咯烷酮（N-methylpyrrolidone，NMP）添加到上述混合的固体粉末中，同时进行不断的磁力搅拌。上述混合搅拌好后得到的悬浊液涂抹到 1 cm×1 cm 的泡沫镍基底上并进行压片，然后在恒温干燥箱中 80 ℃ 干燥 12 h，取出后再按压，再继续 80 ℃ 干燥 12 h，反复多次操作。

4.2.5 器件组装

非对称型超级电容器器件的制备是以 $Co_3O_4@CoMoO_4$ 纳米松树林结构材料为正极，碳纳米管（CNT）为负极，PVA/KOH 为固态电解质。正负极面积为 1 cm×1 cm。PVA/KOH 凝胶电解质具体的制备过程是将 5.6 g 的 KOH 和 6 g 的 PVA 分散到 50 mL 超纯水中，在 80 ℃ 温度下，不断进行搅拌反应 4 h。将电极材料和分离器浸渍到上述配置好的固态电解质中 5 min 后从凝胶电解质中取出，将它们进行组装后放在空气中 24 h 得到固态 $Co_3O_4@CoMoO_4$//CNT 非对称型器件。非对称型器件测试是在两电极下进行测试。对称电容器器件的制备是正极和负极相同材料的 $Co_3O_4@CoMoO_4$，PVA/KOH 为固态电解质，即 $Co_3O_4@CoMoO_4$//$Co_3O_4@CoMoO_4$ 对称型器件，其测试也在两电极下进行。

单一材料性能测试是在三电极体系下，电解液为 2 mol·L^{-1} KOH，电压窗口为 -0.2~0.6 V。$Co_3O_4@CoMoO_4$ 核壳结构材料（电极材料的面积为 1 cm×1 cm；$Co_3O_4@CoMoO_4$ 核壳结构材料活性物质的质量为 3.3 mg）、Co_3O_4 纳米锥（质量为 2.5 mg）、$CoMoO_4$ 纳米片（质量为 1.1 mg）3 种材料均作工作电极。铂片 4 cm×1 cm 为对电极，饱和甘汞电极（SCE）为参比电极。电化学阻抗（EIS）测试是在开路电压下改变交流电压 5 mV，频率范围 0.1 k~100 kHz。材料测试后的比容量、能量密度和功率密度计算如式（4-1）至式（4-3）：

$$C_s = i\Delta t/m\Delta V \qquad (4-1)$$

$$E = 0.5C_s\Delta V^2/3.6 \qquad (4-2)$$

$$P = 3600E/\Delta t \qquad (4-3)$$

式中，C_s 是比容量，F·g^{-1}；i 是放电电流，A；Δt 是放电时间，s；ΔV 是放电过程中电压降，V；m 是活性物质质量，g；E 是能量密度，(W·h)·kg^{-1}；P 是功率密度，W·kg^{-1}。

4.3 制备材料的生长过程及形貌表征

4.3.1 Co_3O_4@$CoMoO_4$ 材料的生长过程

图4-1从左到右依次为实验中清洗好的泡沫镍导电基底、水热反应制备得到的 Co_3O_4 纳米锥、$CoMoO_4$ 纳米片、热处理后的 $CoMoO_4$ 纳米片、核壳结构的 Co_3O_4@$CoMoO_4$ 纳米复合材料和碳纳米管负极材料的实物图片。

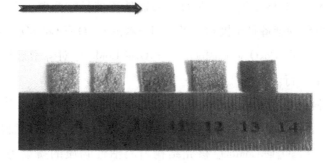

图4-1 制备材料图

从左到右分别是泡沫镍导电基底、生长在泡沫镍导电基底上的 Co_3O_4 纳米锥、$CoMoO_4$ 纳米片前驱体、$CoMoO_4$ 纳米片、Co_3O_4@$CoMoO_4$ 核壳纳米结构材料、碳纳米管电极的实物图片

Fig. 4-1 The images of the as prepared electrodes

From the left to right in turn is nickel foam substrate, Co_3O_4 nanocones on nickel foam, $CoMoO_4$ nanosheets on nickel foam, Co_3O_4@$CoMoO_4$ core-shell structures on nickel foam and carbon nanotubes on nickel foam

由图可以看出，材料均匀分布在泡沫镍导电基底上。通过标尺可以看出电极材料面积大小 1 cm×1 cm。

Co_3O_4@$CoMoO_4$ 核壳结构纳米复合材料的生长过程如图4-2所示。首先，通过水热法并以泡沫镍为导电基底来作为制备 Co_3O_4 纳米锥、$CoMoO_4$ 纳米片，是将材料直接生长到泡沫镍导电基底上。再经过一次水热方法将 $CoMoO_4$ 纳米片附着在 Co_3O_4 纳米锥表面，制得核壳结构的 Co_3O_4@$CoMoO_4$ 纳米复合材料。

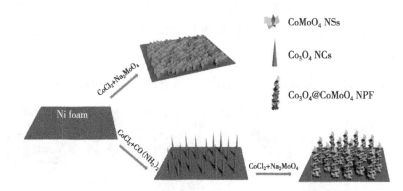

图 4-2 Co_3O_4@$CoMoO_4$ 核壳结构纳米复合材料的生长过程示意

Fig. 4-2 Schematic illustration for the fabrication of Co_3O_4@$CoMoO_4$ core-shell structure nanocomposites

4.3.2 Co_3O_4 纳米锥的形貌表征

图 4-3 为生长在镍网上的 Co_3O_4 纳米锥材料的 SEM 图，从图中可以明显看出有大量沿着一致方向生长的纳米锥阵列。插图为相应的高倍 SEM 图片，从图中可以看出纳米锥直径大小约为 150 nm。这些锥状结构的 Co_3O_4 纳米材料并不是紧密排列，而是疏松排布并且相互交织形成很多孔隙，这些孔隙有利于电解液的渗透。

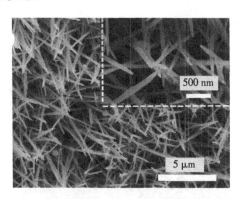

图 4-3 生长在镍网上的 Co_3O_4 纳米锥的 SEM 图

Fig. 4-3 SEM images of Co_3O_4 nanocones on nickel foam

图 4-4 为 Co_3O_4 纳米锥 TEM 表征测试。图 4-4 a 为 Co_3O_4 纳米锥低倍

TEM 图片，可以看出其锥形形貌，与上述的图 4-3 SEM 测试形貌一致。图 4-4 b 为对 4-4 a 所选方框区域进行相应的高分辨测试。晶面间距是 0.47 nm，对应着立方晶相 Co_3O_4（PDF，card No 42-1467）（111）晶面。右上角插图为相应的选区电子衍射测试，可看出所制备材料为多晶结构。

图 4-4　Co_3O_4 纳米锥 TEM 表征测试

a 单个的 Co_3O_4 纳米锥的 TEM 照片；b Co_3O_4 纳米锥的高分辨测试图片和相应的选区电子衍射测试

Fig. 4-4　TEM image of Co_3O_4 nanocones

a an individual Co_3O_4 nanocones；b HRTEM image of the Co_3O_4 nanocones and corresponding SAED pattern

4.3.3　$CoMoO_4$ 纳米片的形貌表征

生长在泡沫镍导电基底上的 $CoMoO_4$ 纳米片的 SEM 测试如图 4-5 所示，

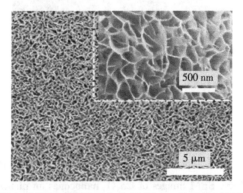

图 4-5　生长在泡沫镍导电基底上的 $CoMoO_4$ 纳米片材料的 SEM 测试

Fig. 4-5　SEM images of $CoMoO_4$ nanosheets on nickel foam

可以看到有大量片状的纳米结构。插图为相应的高倍 SEM 图片，从中可以看出纳米片的厚度约为 20 nm。纳米片相互交织形成高度网络相互连接多孔结构。

图 4-6 为 CoMoO$_4$ 纳米片的 TEM 表征测试。图 4-6 a 为 CoMoO$_4$ 纳米片的低倍 TEM 照片，可以看出其为片状形貌，与图 4-5 SEM 测试结果一致。图 4-6 b 为对图 4-6 a 所圈圆圈内区域进行相应的 TEM 高分辨测试。晶面间距分别为 0.30 nm 和 0.33 nm，分别对应于立方晶相 CoMoO$_4$（PDF，card No 21-0868）的（002）和（310）晶面。右上角插图为相应的选区电子衍射测试，可看出所制备的材料为多晶结构。

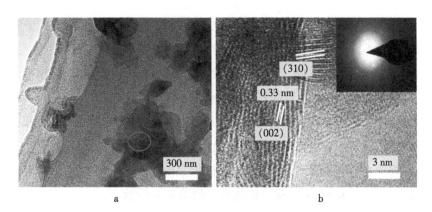

图 4-6 CoMoO$_4$ 纳米片的 TEM 表征测试

a 实验中制备的 CoMoO$_4$ 纳米片的 TEM；b CoMoO$_4$ 纳米片的高分辨测试和相应的选区电子衍射测试

Fig. 4-6 TEM image of CoMoO$_4$ nanosheets

a TEM image of CoMoO$_4$ nanosheets in the experiment; b HRTEM image of the CoMoO$_4$ nanosheets and corresponding SAED pattern

4.3.4　Co$_3$O$_4$@CoMoO$_4$ 核壳结构的形貌表征

图 4-7 为生长在泡沫镍导电基底上的核壳结构 Co$_3$O$_4$@CoMoO$_4$ 纳米复合材料的 SEM。从图中可以看出有大量 Co$_3$O$_4$@CoMoO$_4$ 纳米级材料生长在泡沫镍导电基底上，这些纳米结构材料之间不是紧密堆积排列，而是相互交织形成很多孔隙。

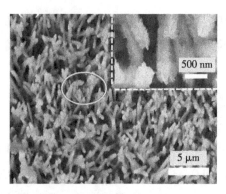

图 4-7　生长在泡沫镍导电基底上的核壳结构 $Co_3O_4@CoMoO_4$ 纳米复合材料的 SEM

Fig. 4-7　SEM images of core-shell $Co_3O_4@CoMoO_4$ nanocomposites on nickel foam

这些孔隙的存在为离子和电子的快速迁移和传递提供了便利通道。右上角的插图为 $Co_3O_4@CoMoO_4$ 核壳结构纳米复合材料的高倍 SEM 照片，可以看出 $Co_3O_4@CoMoO_4$ 纳米复合材料像松树一样的形貌，即 $CoMoO_4$ 纳米片作为壳层包覆在 Co_3O_4 纳米锥的核表面，形成了 $Co_3O_4@CoMoO_4$ 核壳结构纳米松树林阵列。这种自支撑的阵列相互交织形成网络结构，有利于离子和电子的传输，还有利于电解液充分扩散到电极材料表面。

选择图 4-7 中用圆圈标注的区域来进行 $Co_3O_4@CoMoO_4$ 核壳结构材料的能谱（EDS）和 SEM 元素分析测试，如图 4-8 所示。

由图 4-8 a 可以看出 $Co_3O_4@CoMoO_4$ 核壳结构电极材料中含有 O、Co 和 Mo 3 种元素。进一步的 SEM 图测试如图 4-8 b 至图 4-8 d 所示，可以看出仅有 O、Co 和 Mo 3 种元素，说明样品中不含有其他杂质元素。

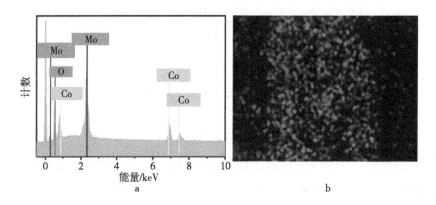

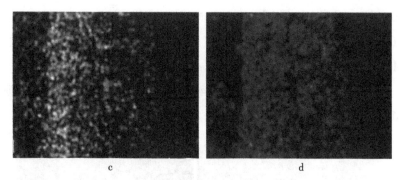

图 4-8 Co₃O₄@CoMoO₄ 核壳结构材料的能谱和元素分析测试

a Co₃O₄@CoMoO₄ 核壳结构材料的能谱测试;b Co 元素的 SEM 图;c O 元素的 SEM 图;d Mo 元素的 SEM 图

Fig. 4-8 The element analysis tests of Co₃O₄@CoMoO₄ core-shell structures

a The EDS spectrum of Co₃O₄@CoMoO₄ core-shell structures;b SEM mapping images of Co;c SEM mapping images of O;d SEM mapping images of Mo elements

图 4-9 a 和图 4-9 b 为 Co₃O₄@CoMoO₄ 核壳结构 TEM 测试。图 4-9 a 中间锥状结构为 Co₃O₄ 纳米锥,外层片状结构为 CoMoO₄ 纳米片。对外层的片层结构选择一块区域进行高分辨测试,如图 4-9 b 所示。晶面间距分别是

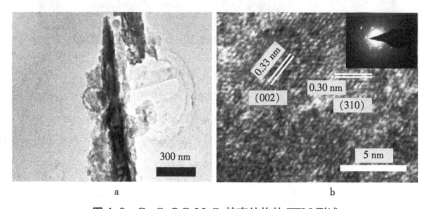

图 4-9 Co₃O₄@CoMoO₄ 核壳结构的 TEM 测试

a 单根核壳结构的 Co₃O₄@CoMoO₄ 纳米复合材料的 TEM;b 核壳结构 Co₃O₄@CoMoO₄ 纳米复合材料的高分辨图,右上角插图为选取的相应电子衍射

Fig. 4-9 TEM image of Co₃O₄@CoMoO₄ core-shell structures

a TEM image of the single Co₃O₄@CoMoO₄ core-shell nanocomposites;b HRTEM image of the Co₃O₄@CoMoO₄ core-shell structure and corresponding SAED pattern

0.30 nm 和 0.33 nm，分别对应于 CoMoO$_4$（PDF，card No 21-0868）（002）和（310）晶面。右上角插图为相应的选区电子衍射测试，可以看出 CoMoO$_4$ 纳米片为多晶材料。

实验中，对核壳结构的 Co$_3$O$_4$@CoMoO$_4$ 纳米复合材料进一步研究其 TEM 测试，如图 4-10 所示。

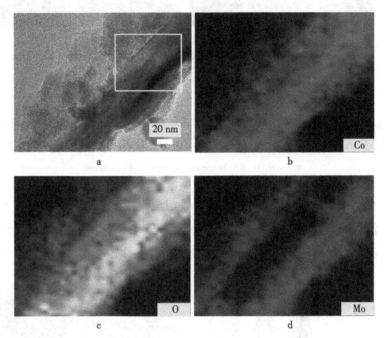

图 4-10 Co$_3$O$_4$@CoMoO$_4$ 核壳结构 TEM 测试

a Co$_3$O$_4$@CoMoO$_4$ 核壳结构的 TEM 测试；b~d 框内区域为 Co、O 和 Mo 3 种元素的 TEM 图

Fig. 4-10 TEM image of Co$_3$O$_4$@CoMoO$_4$ core-shell structure

a The labeled zone is selected for mapping images; b The TEM mapping of Co; c The TEM mapping of O;
d The TEM mapping of Mo

图 4-10 a 为核壳结构的 Co$_3$O$_4$@CoMoO$_4$ 纳米复合材料 TEM 测试，由图可以看出核为线状的 Co$_3$O$_4$，壳为片状的 CoMoO$_4$。进一步说明了所制备的 Co$_3$O$_4$@CoMoO$_4$ 纳米复合材料为核壳结构材料。选择图 4-10 a 中方框内区域进行元素的 TEM 分析测试。

图 4-10 b 至图 4-10 d 分别为 Co、O 和 Mo 3 种元素的 TEM 分析测试。说明所合成材料中只含有 Co、O 和 Mo 3 种元素，不含有其他杂质元素。

4.3.5 制备材料的结构表征

图 4-11 为 Co_3O_4 纳米锥、$CoMoO_4$ 纳米片、$CoMnO_4$ 纳米松树林 3 种材料的 XRD，立方相 Co_3O_4（PDF，card No 42-1467）和单斜相 $CoMoO_4$（PDF，card No 21-0868）。在 $CoMoO_4$ 的 XRD 衍射峰中还有几个弱的衍射峰，通过与标准 PDF 卡片对比，证明所含有的几个弱的衍射峰是 $CoMoO_6 \cdot 0.9H_2O$。$Co_3O_4@CoMoO_4$ XRD 衍射峰中包含 Co_3O_4 和 $CoMoO_4$ 两种材料的衍射峰，说明制备材料为 $Co_3O_4@CoMoO_4$。而由于 $Co_3O_4@CoMoO_4$ 纳米松树林材料最后经过热处理使得 $CoMoO_6 \cdot 0.9H_2O$ 衍射峰的相对强度变得更弱，因此，在最后的产物 $Co_3O_4@CoMoO_4$ XRD 衍射峰中看不到 $CoMoO_6 \cdot 0.9H_2O$ 弱衍射峰存在。

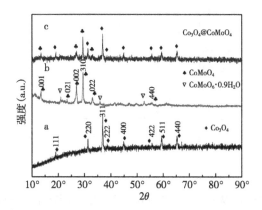

图 4-11 Co_3O_4 纳米锥、$CoMoO_4$ 纳米片、$Co_3O_4@CoMoO_4$ 纳米松树林 3 种材料的 XRD

a Co_3O_4 纳米锥的 XRD；b $CoMoO_4$ 纳米片的 XRD；c $Co_3O_4@CoMoO_4$ 纳米松树林的 XRD

Fig. 4-11 XRD patterns of Co_3O_4 nanocones, $CoMoO_4$ nanosheets and $Co_3O_4@CoMoO_4$ nanopine forests

a Co_3O_4 nanocones; b $CoMoO_4$ nanosheets; c $Co_3O_4@CoMoO_4$ nanopine forests

4.3.6 制备材料的比表面积表征

实验中对合成的材料进行了氮气吸脱附曲线和孔径分布曲线测试，对比了一下合成材料的比表面积，如图 4-12 所示。图 4-12 a 至图 4-12 c 分别

是 Co_3O_4 纳米锥、$CoMoO_4$ 纳米片和 $Co_3O_4@CoMoO_4$ 核壳纳米复合结构 3 种材料的氮气吸脱附曲线。核壳结构的 $Co_3O_4@CoMoO_4$ 纳米松树林比表面积（61.4 $m^2 \cdot g^{-1}$）高于 Co_3O_4 纳米锥（40.2 $m^2 \cdot g^{-1}$）和 $CoMoO_4$ 纳米片（55.6 $m^2 \cdot g^{-1}$）的比表面积。

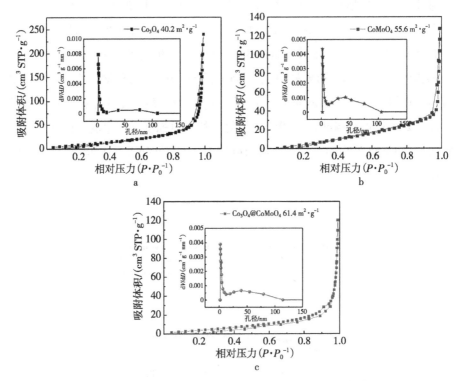

图 4-12 实验合成材料的氮气吸脱附曲线和孔径分布曲线

a Co_3O_4 纳米锥；b $CoMoO_4$ 纳米片；c $Co_3O_4@CoMoO_4$ 核壳结构

Fig. 4-12 N₂ adsorption and desorption isotherms and pore size distribution

a Co_3O_4 nanocones; b $CoMoO_4$ nanosheets; c $Co_3O_4@CoMoO_4$ core-shell structure

这种核壳结构能够提高材料的比表面积的原因主要是由于 $CoMoO_4$ 纳米片包覆在 Co_3O_4 纳米锥表面后，结构之间相互交织形成多孔网状结构，并且能够使这种结构的表面积得到充分暴露。这种 3D 多孔隙核壳结构材料，与单一结构材料相比，具有较高的比表面积。这种相对较大的比表面积材料能使电解液与电极材料充分接触进而提高活性材料电化学性能，增加材料的储能能力。

4.4 三电极条件下的电化学性能

实验中,对制备材料单一电极的电化学性能测试首先是在 2 mol·L^{-1} KOH 电解液、三电极体系条件下进行测试。以实验中制备的电极材料作工作电极、铂片作对电极、饱和甘汞电极作参比电极。

4.4.1 Co_3O_4 纳米锥电极材料的电化学性能

图 4-13 为 Co_3O_4 纳米锥电极材料的电化学性能测试。图 4-13 a 为 Co_3O_4 纳米锥在不同扫速 5 mV·s^{-1}、10 mV·s^{-1}、20 mV·s^{-1}、30 mV·s^{-1}、50 mV·s^{-1}、80 mV·s^{-1} 和 100 mV·s^{-1} 时的循环伏安测试。扫速增加峰电流逐渐增加,曲线围成的面积也逐渐变大。这说明随着扫速增加,电化学反应变快,存储电荷增加。从图中还可以看出,随着扫速增加,循环伏安曲线形状也未发生大改变,说明 Co_3O_4 纳米锥在反应过程中具有较好的稳定性。

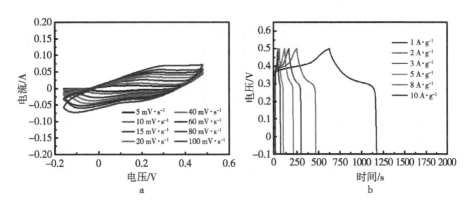

图 4-13 Co_3O_4 纳米锥电极材料的电化学性能测试

a Co_3O_4 纳米锥电极材料在不同扫速的循环伏安曲线;b Co_3O_4 纳米锥电极材料在不同电流密度条件下的充放电曲线

Fig. 4-13 The electrochemical performance of Co_3O_4 nanocones electrode

a Cyclic voltammograms of Co_3O_4 nanocones electrode obtained at different scan rates, respectively; b Charge and discharge curves of the Co_3O_4 electrode at different current densities

图 4-13 b 为 Co_3O_4 纳米锥电极材料在不同电流密度条件下的充放电曲线。根据式（4-1）计算 Co_3O_4 纳米锥在不同电流密度为 $1\ A\cdot g^{-1}$、$2\ A\cdot g^{-1}$、$3\ A\cdot g^{-1}$、$5\ A\cdot g^{-1}$、$8\ A\cdot g^{-1}$ 和 $10\ A\cdot g^{-1}$ 条件下的比容量分别为 $1148\ F\cdot g^{-1}$、$1167\ F\cdot g^{-1}$、$1025\ F\cdot g^{-1}$、$917\ F\cdot g^{-1}$、$813\ F\cdot g^{-1}$ 和 $750\ F\cdot g^{-1}$。

4.4.2 $CoMoO_4$ 纳米片电极材料的电化学性能

图 4-14 为 $CoMoO_4$ 纳米片电极材料的电化学性能测试。图 4-14 a 为 $CoMoO_4$ 纳米片电极材料在不同扫速 $5\ mV\cdot s^{-1}$、$10\ mV\cdot s^{-1}$、$20\ mV\cdot s^{-1}$、$30\ mV\cdot s^{-1}$、$50\ mV\cdot s^{-1}$、$80\ mV\cdot s^{-1}$ 和 $100\ mV\cdot s^{-1}$ 条件下的循环伏安曲线。从图 4-14 a 也可以看出，扫速增加，峰电流也逐渐增加。并且围成的曲线面积也逐渐增加。这说明反应过程加快，存储电荷量增加。曲线的形状随着扫速的增加，未发生大的改变，说明合成的 $CoMoO_4$ 纳米片电极材料具有较好的稳定性。进一步从循环伏安曲线图还可以看出，合成材料有一对明显的氧化还原峰，说明合成材料的过程为赝电容储能机制过程。图 4-14 b 为 $CoMoO_4$

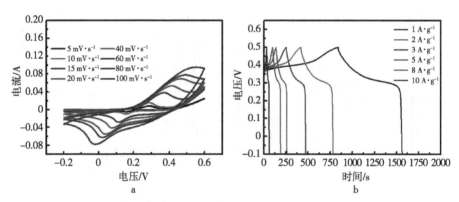

图 4-14 $CoMoO_4$ 纳米片电极材料的电化学性能测试

a $CoMoO_4$ 纳米片电极材料在不同扫速下的循环伏安曲线；b $CoMoO_4$ 纳米片电极材料在不同电流密度条件下的充放电曲线

Fig. 4-14 The electrochemical performance of $CoMoO_4$ nanosheets electrodes

a Cyclic voltammograms of $CoMoO_4$ nanosheets electrodes obtained at different scan rates; b Charge and discharge curves of $CoMoO_4$ electrode under different current densities

纳米片电极材料在不同电流密度为 1 A·g^{-1}、2 A·g^{-1}、3 A·g^{-1}、5 A·g^{-1}、8 A·g^{-1} 和 10 A·g^{-1} 条件下的充放电曲线。

根据式（4-1）计算得到不同电流密度下的相应比容量分别为 920 F·g^{-1}、806 F·g^{-1}、725 F·g^{-1}、667 F·g^{-1}、600 F·g^{-1} 和 550 F·g^{-1}。Gu 等采用水热离子交换的方法制备了 Co$_3$O$_4$@CoMoO$_4$ 核壳纳米线阵列。他们的具体制备方法如下：首先通过热水法制备了 Co$_3$O$_4$ 纳米线阵列，然后水热法将 CoMoO$_4$ 薄膜经离子交换包覆在 Co$_3$O$_4$ 纳米线的表面，即制得核壳结构的 Co$_3$O$_4$@CoMoO$_4$ 纳米线阵列。在电流密度为 1 A·g^{-1} 时，Co$_3$O$_4$@CoMoO$_4$ 核壳结构纳米线阵列电极材料比容量为 1040 F·g^{-1}。据文献分析发现，对于固态的 Co$_3$O$_4$@CoMoO$_4$ 电容器器件还没有被报道过。本章 4.5 节将对固态器件性能进行研究，并探讨对称和非对称器件性能优异的原因。

4.4.3　Co$_3$O$_4$@CoMoO$_4$ 电极材料的电化学性能

图 4-15 为制备的 Co$_3$O$_4$ 纳米锥、CoMoO$_4$ 纳米片及核壳结构的 Co$_3$O$_4$@CoMoO$_4$ 纳米复合结构 3 种电极材料的性能对比。

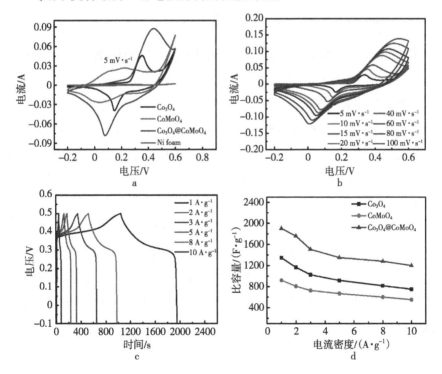

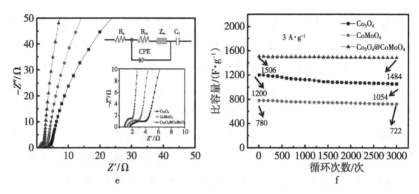

图 4-15 Co_3O_4@$CoMoO_4$ 核壳结构的电化学性能测试

a 泡沫镍、Co_3O_4、$CoMoO_4$ 和 Co_3O_4@$CoMoO_4$ 在扫描速率为 5 mV·s^{-1} 时循环伏安曲线；b Co_3O_4@$CoMoO_4$ 核壳结构在不同扫速下的循环伏安曲线；c Co_3O_4@$CoMoO_4$ 纳米松树林在不同电流密度条件下的充放电；d Co_3O_4 纳米锥、$CoMoO_4$ 纳米片、Co_3O_4@$CoMoO_4$ 核壳结构的比容量；e 阻抗；f 3000 次循环测试

Fig. 4-15 The electrochemical performance of Co_3O_4@$CoMoO_4$ core-shell structures

a CV curves of Ni foam, Co_3O_4, $CoMoO_4$ and Co_3O_4@$CoMoO_4$ at different scan rates; b CV curves of Co_3O_4@$CoMoO_4$ at different current densities; c Charge and discharge curves of the electrode at different current densities, The Co_3O_4, $CoMoO_4$ and Co_3O_4@$CoMoO_4$; d Plots of the current density against specific capacitances; e Nyquist plots; f Cycling performance at a current density of 3 A·g^{-1}

图 4-15 a 为泡沫镍导电基底、Co_3O_4 纳米锥、$CoMoO_4$ 纳米片和 Co_3O_4@$CoMoO_4$ 核壳结构电极材料在扫描速度为 5 mV·s^{-1}，电压窗口为 -0.2~0.6 V 区间的循环伏安曲线测试。由图中可以看出，泡沫镍导电基底的循环伏安曲线面积与其他 3 种电极材料相比，相对较小，这说明泡沫镍导电基底在电化学反应过程中比容量很小，可以忽略不计。从图中还可以看出 Co_3O_4@$CoMoO_4$ 围成的曲线面积最大，说明 Co_3O_4@$CoMoO_4$ 具有更高的比容量，具有存储更多电荷的能力。

图 4-15 b 为 Co_3O_4@$CoMoO_4$ 在不同条件下的循环伏安测试。扫速增加，曲线面积和峰电流都逐渐增加，说明在反应过程中该电极材料的氧化还原活性较高，从而使反应速率加快，存储电荷量增加，稳定性提高。这都是由于该核壳结构材料的比表面积大，表面活性位点多，有利于反应的进行而形成的结果。

图 4-15 c 为核壳结构 Co_3O_4@$CoMoO_4$ 纳米复合材料在不同电流密度

$1 A \cdot g^{-1}$、$2 A \cdot g^{-1}$、$3 A \cdot g^{-1}$、$5 A \cdot g^{-1}$、$8 A \cdot g^{-1}$ 和 $10 A \cdot g^{-1}$ 的充放电测试。根据式（4-1）计算得到的相应的比容量分别为 $1902 F \cdot g^{-1}$、$1760 F \cdot g^{-1}$、$1506 F \cdot g^{-1}$、$1350 F \cdot g^{-1}$、$1280 F \cdot g^{-1}$ 和 $1200 F \cdot g^{-1}$。

图 4-15 d 为 3 种材料在相同电流密度条件下根据充放电曲线计算得到的比容量对比，可以看出核壳结构复合材料的比容量最大，说明这种核壳结构的设计和两种材料的选择对于性能的提高起到了一定作用。

图 4-15 e 为 3 种材料的阻抗谱图，插图为阻抗谱放大后的示意。从图中可以看出，核壳结构的 Co_3O_4@$CoMoO_4$ 具有较小的阻抗为 0.76Ω，Co_3O_4 纳米锥和 $CoMoO_4$ 纳米片阻抗分别为 1.67Ω 和 1.29Ω。除此之外，从低频区曲线斜率可以看出核壳结构的 Co_3O_4@$CoMoO_4$ 具有较小的扩散阻抗。说明 Co_3O_4@$CoMoO_4$ 具有较好的导电性，在电化学反应过程中有利于离子和电子传输和传导，加快反应进行，呈现优异的电化学性能和高效的储能能力。

图 4-15 f 为 Co_3O_4 纳米锥、$CoMoO_4$ 纳米片和核壳结构的 Co_3O_4@$CoMoO_4$ 3 种电极材料在 $3 A \cdot g^{-1}$ 电流密度条件下循环 3000 次后的性能对比。3000 次循环后，容量保留值分别为 Co_3O_4@$CoMoO_4$ 核壳结构 98.5%、Co_3O_4 纳米锥 85.7% 和 $CoMoO_4$ 纳米片 91.7%。从图 4-15 f 中也可以看出在相同的电流密度条件下，Co_3O_4@$CoMoO_4$ 不但稳定性是最好的，同时也有最大比容量。

图 4-16 为进一步对核壳结构的 Co_3O_4@$CoMoO_4$ 电极材料进行了电化学性能测试。在电流密度为 $5 A \cdot g^{-1}$ 条件下对 Co_3O_4@$CoMoO_4$ 进行 5000 次循环稳定性测试，如图 4-16 a 所示。插图为前十圈和后十圈的充放电曲线测试，可以看出充放电曲线形状并未发生大的变化，第一圈测试得到的比容量为 $1350 F \cdot g^{-1}$，最后一圈的比容量为 $1337 F \cdot g^{-1}$。经计算在循环 5000 次后容量保留为 99%，表现出很好的循环稳定性。

图 4-16 b 为核壳结构 Co_3O_4@$CoMoO_4$ 电极材料第一圈和最后一圈循环后的阻抗对比。可以看出经过 5000 次循环后材料的扩散阻力略有变大，可能是由于在经过 5000 次循环后活性材料从集流体上脱落，以及材料不能与电解液充分发生反应所产生的。

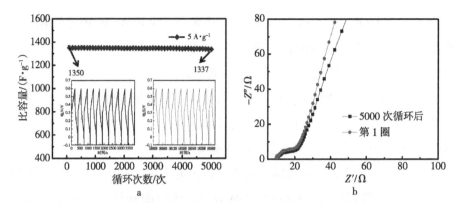

图 4-16 核壳结构的 Co_3O_4@$CoMoO_4$ 电极材料的电化学性能

a 电流密度为 5 A·g^{-1} 条件下的 5000 次循环稳定性测试；b 第一圈和最后一圈循环后材料的阻抗对比

Fig. 4-16 Electrochemical properties of core-shell of Co_3O_4@$CoMoO_4$ materials

Co_3O_4@$CoMoO_4$ electrode a Cycling performance of the as-prepared products at 5 A·g^{-1}. The inset is charge-discharge curve at a current density of 5 A·g^{-1} after 5 thousands of cycles; b Nyquist plots of the first and the 5000th cycles for the Co_3O_4@$CoMoO_4$ electrode

图 4-17 a 为在不断改变电流密度再回到初始电流密度下核壳结构 Co_3O_4@$CoMoO_4$ 电极材料的比容量变化。从图中可以看出，当电流密度

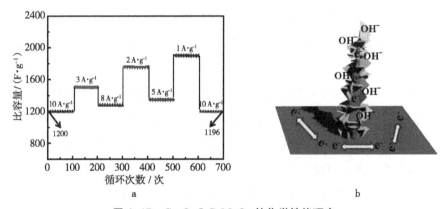

图 4-17 Co_3O_4@$CoMoO_4$ 的化学性能研究

a Co_3O_4@$CoMoO_4$ 在不同电流密度条件下的倍率和循环稳定性测试；b 离子和电子与 Co_3O_4@$CoMoO_4$ 的反应示意

Fig. 4-17 Study on chemical properties of the Co_3O_4@$CoMoO_4$

a Co_3O_4@$CoMoO_4$ Rate performance and cycling stability under different current densities; b Schematic diagram of ion and charge transfer in the Co_3O_4@$CoMoO_4$

为10 A·g^{-1}，比容量为1200 F·g^{-1}。当改变不同电流密度再返回到电流密度10 A·g^{-1}时，比容量为1196 F·g^{-1}，可以看出比容量没有太大衰减，说明材料具有很好的倍率性能和稳定性。这是由于材料大的比表面积、较好的导电性，以及不同材料之间的协同效应共同作用的结果。

图4-17 b为核壳结构Co_3O_4@$CoMoO_4$电极材料与电解液中离子和电子反应过程中相互作用示意。

核壳结构的Co_3O_4@$CoMoO_4$电极材料与Co_3O_4纳米锥、$CoMoO_4$纳米片相比，有着优异性能的原因有以下几点。①以泡沫镍作为导电基底，泡沫镍具有很好的导电性。三维孔隙结构的泡沫镍，有利于电解液在其表面进行扩散。②电极材料于基底之间具有较好的结合力，不存在由于活膏涂抹电极材料到导电基底上引起的结合力不好的问题。同时也避免了由于活膏涂抹制备电极材料过程中黏合剂的加入导致电极材料导电性差。③核壳结构提高了电极材料的比表面积，有利于离子和电子与电极材料充分接触，提高化学反应的进行。④两种不同材料之间的协同效应。Co_3O_4作为超级电容器电极材料，具有较高的理论比容量。$CoMoO_4$具有较好的循环稳定性和倍率性能。两种材料通过构筑成核壳结构的复合材料，结合两种材料的协同效应发挥各自单一材料的优异性能。表4-1给出了实验制备的核壳结构的Co_3O_4@$CoMoO_4$电极材料性能与文献对比。

表4-1　实验制备的Co_3O_4@$CoMoO_4$纳米松树林的性能与文献对比

电极材料	电流密度	比容量/(F·g^{-1})	循环次数/次	容量保留	参考文献
$CoMoO_4$-$NiMoO_4$·xH_2O 纳米线束	50 mA·cm^{-2}	826	1000	75.1%	[41]
$CoMoO_4$·0.9H_2O 纳米棒	10 mA·cm^{-2}	293	1000	96%	[42]
$CoMoO_4$ 纳米片阵列	12 mA·cm^{-2}	787	4000	73.6%	[43]
Co_3O_4纳米线阵列/泡沫镍	5 mA·cm^{-2}	746	500	86%	[152]
分级多孔Co_3O_4薄膜	2 A·g^{-1}	352	2500	82.6%	[153]
Co_3O_4 多孔纳米线	5 A·g^{-1}	250	2000	98%	[155]
形貌可控的多孔Co_3O_4纳米墙	2.5 mA·cm^{-2}	111	1000	88.2%	[157]

续表

电极材料	电流密度	比容量/$(F \cdot g^{-1})$	循环次数/次	容量保留	参考文献
Co_3O_4@$CoMoO_4$ 纳米森林	$5\ A \cdot g^{-1}$ ($16.5\ mA \cdot cm^{-3}$) $3\ A \cdot g^{-1}$ ($9.9\ mA \cdot cm^{-3}$)	1350 1506	5000 3000	98.5% 99%	本书实验值

为了进一步研究材料的柔韧性，实验中将 Co_3O_4@$CoMoO_4$ 电极材料扭转不同角度研究其电化学性能，如图 4-18 所示。

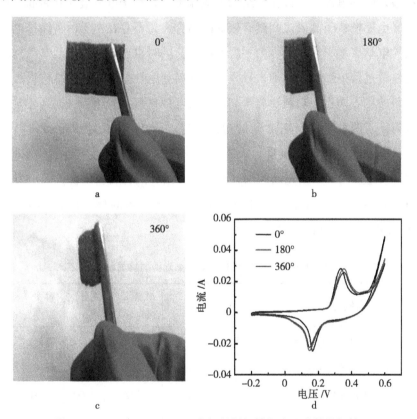

图 4-18 Co_3O_4@$CoMoO_4$ 电极材料扭转角度研究其柔韧性

a 0°；b 180°；c 360°；d Co_3O_4@$CoMoO_4$ 在扭转不同角度后在扫速为 $3\ mV \cdot s^{-1}$ 的循环伏安曲线

Fig. 4-18 Co_3O_4@$CoMoO_4$ electrode undergo bending and twisting

a 0°；b 180°；c 360°；d CV curves of Co_3O_4@$CoMoO_4$ electrode collected at $3\ mV \cdot s^{-1}$ under different bending conditions

图 4-18 a 至图 4-18 c 分别为扭转 Co_3O_4@$CoMoO_4$ 电极材料角度为 0°、180°和 360°时的材料实物图。以这 3 种形式的弯折来研究其电化学性能改变，证实其是否会有性能衰减。实验中，将同一个电极材料先是 0°条件下进行循环伏安曲线测试；然后进一步将电极材料弯折成 180°再测试其循环伏安曲线；最后再将电极材料弯折成 360°测试循环伏安曲线。在弯折测试过程中未发现导电基底的断裂等现象。

图 4-18 d 为弯折上述角度后得到的循环伏安曲线，以电化学三电极体系条件下来进行不同方式弯折情况的实验测试。其中，均是以 2 mol·L^{-1} KOH 水溶液为电解质。从图 4-18 d 可以发现弯折后的循环伏安曲线与不改变角度时候循环伏安曲线形状基本一致，说明材料具有很好的力学性能。经过上述几种方式弯折，性能没有明显衰减。

4.5　两电极条件下的电化学性能测试

在与正极材料匹配之前，实验中对作为负极的碳纳米管电极进行不同电流密度 0.5 A·g^{-1}、1 A·g^{-1}、3 A·g^{-1}、5 A·g^{-1}和 8 A·g^{-1}条件下的充放电测试，如图 4-19 所示，体现了碳纳米管双电层电容的性质。

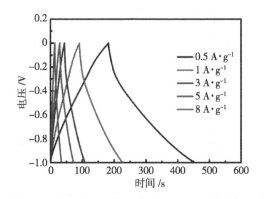

图 4-19　碳纳米管负极材料在不同电流密度 0.5~8 A·g^{-1}范围内的充放电曲线

Fig. 4-19　The charge amd discharge curves of the as-prepared electrode under different current densities from 0.5 A·g^{-1} to 8 A·g^{-1}

根据图 4-19 中的充放电数据计算碳纳米管比容量，可以得出碳纳米管在电流密度为 0.5 A·g^{-1}、1 A·g^{-1}、3 A·g^{-1}、5 A·g^{-1}和 8 A·g^{-1}时，比容量分别为 145 F·g^{-1}、126 F·g^{-1}、114 F·g^{-1}、100 F·g^{-1}和 96 F·g^{-1}，不同电流密度条件下碳纳米管负极材料的比容量，如图 4-20 所示。

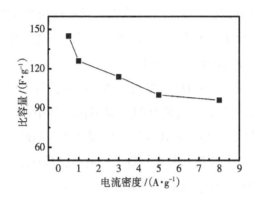

图 4-20 碳纳米管在不同电流密度条件下的比容量

Fig. 4-20 Plot of the current density against the specific capacitance of the CNT

图 4-21 为 Co$_3$O$_4$@CoMoO$_4$ 正极和碳纳米管负极电极材料在扫描速度为 5 mV·s^{-1}、2 mol·L^{-1} KOH 为电解液三电极测试体系下的循环伏安曲线测试。Co$_3$O$_4$@CoMoO$_4$ 电位窗口是-0.2~0.6 V，碳纳米管电极材料的电位窗口是-1.0~0 V，将这两种材料匹配成非对称型器件的电压窗口是正极的电压窗

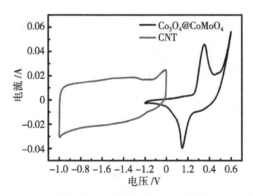

图 4-21 Co$_3$O$_4$@CoMoO$_4$纳米松树林和碳纳米管电极材料在扫速为 5 mV·s^{-1}条件下 2 mol·L^{-1} KOH 电解液中三电极测试体系下的循环伏安曲线测试

Fig. 4-21 CV curves of the Co$_3$O$_4$@CoMoO$_4$ nanopine forests and carbon nanotube electrodes performed in a three-electrode cell in a 2 mol·L^{-1} KOH electrolyte at a scan rate of 5 mV·s^{-1}

口与负极的电压窗口的差值。因此，这两种材料组装成非对称型器件的理论电压窗口范围可以达到 0~1.6 V。对于对称型器件，电位窗口则为 0~0.8 V。

实验中，正极和负极活性物质的质量不同，这里涉及正负极匹配过程中电荷平衡的问题。正负极的电荷达到平衡时，电荷平衡关系即 $q^+ = q^-$。其中，q^+ 和 q^- 分别代表正极和负极存储的电荷量。每一个电极的电荷量 q 值与电极材料的比容量（C_s）、电极材料的放电段电压（ΔV）及电极材料的质量有关，相应的方程式如下：

$$q = C_s \times \Delta V \times m \quad (4-4)$$

正极和负极材料进行匹配，电荷需要达到平衡，即 $q^+ = q^-$，分别带入正负极电极材料的比容量（C_s）、电极材料的放电电压（ΔV）及电极材料的质量（m），整理方程后，计算可以得出正极（m^+）和负极（m^-）质量关系方程，如式（4-5）所示：

$$\frac{m^+}{m^-} = \frac{C^- \times \Delta V^-}{C^+ \times \Delta V^+} \quad (4-5)$$

可以看出，正极和负极的质量关系与它们比容量和电压窗口的乘积成反比。在电流密度为 1 A·g^{-1} 时，CNT 负极和 Co_3O_4@$CoMoO_4$ 核壳结构正极的比容量分别为 145 F·g^{-1} 和 1902 F·g^{-1}。根据 CNT 和核壳结构的 Co_3O_4@$CoMoO_4$ 比容量值和它们电压窗口，将数值带入上述推倒后的方程，计算得出：非对称器件的正极和负极材料质量比为 $m^+/m^- = 1/8$；对称型器件正负极为同种材料，因此正负极质量相同。

4.5.1 对称型器件电化学性能测试

图 4-22 为组装的 Co_3O_4@$CoMoO_4$//Co_3O_4@$CoMoO_4$ 对称型电容器器件性能测试。图 4-22 a 为对称型电容器器件在不同扫速下的循环伏安曲线，对称型器件电压窗口为 0~0.8 V。从该图可以看出有明显的氧化还原峰出现，这是由于该器件正极和负极都是 Co_3O_4@$CoMoO_4$ 赝电容材料，在反应中发生了法拉第赝电容氧化还原反应而引起的。

研究该器件在不同电流密度条件下的充放电性能测试，如图 4-22 b 所示。相对于充电曲线来说，放电曲线由于受法拉第赝电容氧化还原反应影响，

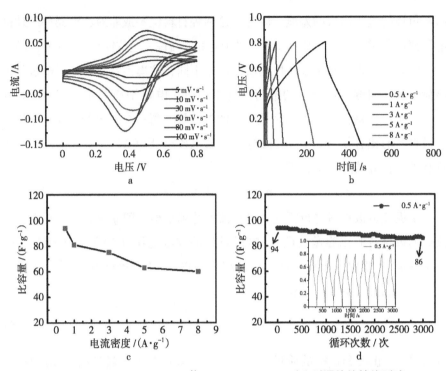

图 4-22 Co_3O_4@$CoMoO_4$ // Co_3O_4@$CoMoO_4$ 对称型器件的性能测试

a 器件在不同扫速时的循环伏安曲线;b 不同电流密度条件下的充放电曲线;c 不同电流密度条件下对称电容器的比容量;d 在电流密度为 0.5 A · g^{-1} 条件下,材料循环 3000 次,插图为前十圈材料的充放电曲线

Fig. 4-22 Electrochemical performance of Co_3O_4@$CoMoO_4$ // Co_3O_4@$CoMoO_4$ symetric supercapacitors devices

a CV curves collected at various scan rates; b The charge and discharge curves of the as-prepared products collected at various current densities; c Plot of the current densities against the specific capacitance; d Cycling performance of the as-prepared products at 0.5 A · g^{-1}, The inset is the part of charge-discharge curve at a current density of 0.5 A · g^{-1} after the tenth cycles

不是对称的直线,而是有一定弧度的。在电流密度分别为 0.5 A · g^{-1}、1 A · g^{-1}、3 A · g^{-1}、5 A · g^{-1} 和 8 A · g^{-1} 得到相应对称型器件比容量分别为 97 F · g^{-1}、80 F · g^{-1}、75 F · g^{-1}、61 F · g^{-1} 和 58 F · g^{-1},如图 4-22 c 所示。

图 4-22 d 为对称器型器件的循环寿命测试。由图可以看出,经过 3000 次循环后容量保留为 96%,插图为截取的部分充放电前十次的数据,曲线

形状近乎一致，没有明显改变。这些都说明了该对称型器件具有较好循环稳定性。

4.5.2 非对称型器件电化学性能测试

图 4-23 为以核壳结构的 $Co_3O_4@CoMoO_4$ 为正极、碳纳米管为负极电极材料组装成非对称器件后材料的性能测试。图 4-23 a 为在相同扫速 5 mV·s^{-1}，测试非对称型器件 $Co_3O_4@CoMoO_4//CNT$ 的循环伏安值，其中电压窗口范围分别为 0~0.8 V、0~1.0 V、0~1.2 V、0~1.4 V 和 0~1.6 V。测试结果表明电位窗口范围在 0~1.6 V 时的曲线依然和 0~0.8 V 时的一致，这表明该电极材料的电压窗口可达到 0~1.6 V。

图 4-23 b 给出了在不同扫速 5 mV·s^{-1}、10 mV·s^{-1}、30 mV·s^{-1}、50 mV·s^{-1}、80 mV·s^{-1} 和 100 mV·s^{-1} 条件下的 $Co_3O_4@CoMoO_4//CNT$ 非对称型固态电容器器件的循环伏安曲线。从器件的循环伏安曲线图可以看出曲线呈现出类似矩形形状，表明整个器件具有典型的电容特性。

图 4-23 c 为在不同电流密度 0.5 A·g^{-1}、1 A·g^{-1}、3 A·g^{-1}、5 A·g^{-1} 和 8 A·g^{-1} 条件下得到的非对称电容器器件充放电曲线。放电曲线几乎与充电曲线对称，表明电容行为较好，说明在反应中具有较好的可逆性和稳定性。

图 4-23 d 为根据图 4-23 c 充放电曲线按照式（4-1）计算得到的比容量。其中，在电流密度为 3 A·g^{-1}，$Co_3O_4@CoMoO_4//CNT$ 非对称型超级电容器器件的比容量为 128 F·g^{-1}，大于文献报道的 $CoMoO_4$ 纳米片与活性炭组装成非对称型器件在液态电解质相同电流密度条件下测试得到的比容量 81 F·g^{-1}（电流密度为 3 A·g^{-1}）。另外，在电流密度达到 8 A·g^{-1} 时，$Co_3O_4@CoMoO_4//CNT$ 非对称型超级电容器器件的比容量相对于初始电流密度为 0.5 A·g^{-1} 时的比容量 81.5%，说明该非对称型器件具有较好的倍率性能。

非对称型器件在电流密度为 0.5 A·g^{-1} 时的 3000 次循环测试，其结果如图 4-23 e 所示。从图可以看出，非对称型器件的比容量在经 3000 次循环后的比容量保留值为 98.5%，插图为循环数次后任意取出 10 次的充放电曲线数据，可以看出充放电曲线形状未发生明显地改变，形状基本一致。

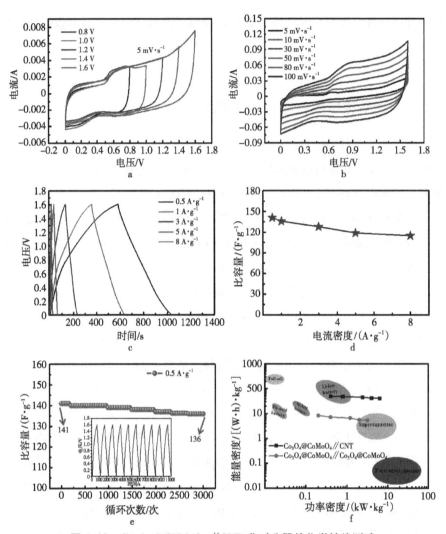

图4-23 Co₃O₄@CoMoO₄∥CNT非对称器件化学性能测试

a 当扫速为5 mV·s⁻¹时，Co₃O₄@CoMoO₄∥CNT非对称型器件在电压窗口从0.8~1.6 V改变时的循环伏安曲线；b 不同扫速条件下的循环伏安测试；c 改变不同电流密度时候的充放电曲线测试；d 器件的比容量；e 电流密度为0.5 A·g⁻¹，3000次循环稳定性测试，插图为前十次的充放电曲线；f 能量对比

Fig. 4-23 Chemical property test of the Co₃O₄@CoMoO₄∥carbon nanotubes ASC

a CV curves of the as-prepared products under different voltages at 5 mV · s⁻¹; b CV curves at various scan rates; c Charge and discharge curves of the as-prepared products at different current densities; d Secific capacitance; e Cycling performance of the as-prepared products at 0.5 A · g⁻¹, The inset is part of charge-discharge curves at a current density of 0.5 A · g⁻¹ after the tenth cycles; f Ragone plots

这都说明该非对称型器件还具有很好的循环稳定性。Co_3O_4@$CoMoO_4$//CNT 非对称型电容器器件优异的性能要高于先前文献报道的非对称器件 Ni(OH)$_2$//AC，其比容量损失为 36.4%；Ni(OH)$_2$/CNT//AC 的比容量损失为 33% 及 MoO_2//CNT 非对称器件比容量损失为 22%。根据式（4-2）和式（4-3）计算得到对称型和非对称型器件的能量密度和功率密度。对称和非对称型器件能量关系如图 4-23 f 所示。图中各椭圆形所占的面积为目前常用的各种类型电池的能量密度和功率密度的范围。可以看出实验中制备的非对称器件展现出较高的能量密度 50.1 (W·h)·kg^{-1}，与之相对应的功率密度为 400 W·kg^{-1}，接近于锂离子电池的能量密度。甚至在较高的功率密度为 6400 W·kg^{-1}，器件的能量密度依然可达 40.9 (W·h)·kg^{-1}。从图中还可以明显看出，非对称型器件的能量密度和功率密度要大于对称型器件的能量密度和功率密度。这是由于非对称型器件的电压窗口较宽，可达到 1.6 V，并且具有较高的比容量。对称型器件的匹配不能够充分发挥出高的能量密度，其原因如图 4-24 所示。实验测试了核壳结构的 Co_3O_4@$CoMoO_4$ 电极材料在电位窗口 −1~0 V、−0.2~0.6 V 和 −1~0.6 V 范围的循环伏安曲线。

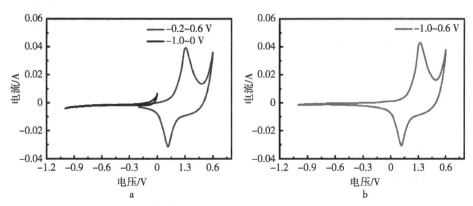

图 4-24　Co_3O_4@$CoMoO_4$ 在 2 mol·L^{-1} KOH 溶液中，扫速为 5 mV·s^{-1} 条件下，不同电压窗口下的循环伏安曲线测试

Fig. 4-24　CV curves of Co_3O_4@$CoMoO_4$ measured at different potential windows in a 2 mol·L^{-1} KOH electrolyte at a scan rate of 5 mV·s^{-1}

4.5.3 对称和非对称型器件性能对比和讨论

图4-24为$Co_3O_4@CoMoO_4$在2 mol·L^{-1} KOH溶液中扫描速度为5 mV·s^{-1}条件下，不同电压窗口下的循环伏安曲线测试。

由图可以看出，核壳结构的$Co_3O_4@CoMoO_4$电极材料的循环伏安曲线在负电位区间-1~0 V的曲线面积很小，在电位区间-0.2~0.6 V的面积较大。这说明$Co_3O_4@CoMoO_4$纳米松树林电极材料在-1.0~0 V这个较负的电位区间存储电荷少，不适合作负极材料。这就是对称型电容器器件$Co_3O_4@CoMoO_4//Co_3O_4@CoMoO_4$能量密度要低于非对称电容器器件$Co_3O_4@CoMoO_4//CNT$的原因。另外，根据器件的总比容量方程$C=1/C_1+1/C_2$（$C$代表器件的总的比容量，$C_1$和$C_2$分别代表正极和负极的比容量）器件的总比容量、存储电荷的能力是要靠负极和正极共同作用。图中，$Co_3O_4@CoMoO_4$纳米松树林电极在负电位区间的面积小，比容量就较低，整个器件的比容量C就会偏低。由图4-24也可以看出，$Co_3O_4@CoMoO_4$和碳纳米管电极材料在相同的电解液、相同的扫速条件下的循环伏安曲线面积都比较大，说明都能够存储较多的电荷，电压窗口也较宽，能够较好地匹配成电容器的正极和负极，从而提高非对称型器件性能。

4.6 本章小结

采用水热方法制备了3D自支撑核壳结构的$Co_3O_4@CoMoO_4$纳米复合材料，以泡沫镍作为导电基底。该核壳结构材料以Co_3O_4纳米锥为核、$CoMoO_4$纳米片为壳层。以核壳结构的$Co_3O_4@CoMoO_4$纳米复合材料作为正极，碳纳米管作为负极材料，研究了非对称型器件性能。与第3章实验相比较，本章对器件的结构进一步进行改善，采用固态电解质。

①通过SEM、TEM和元素分析等测试手段证明所合成的$Co_3O_4@CoMoO_4$材料为核壳结构。该电极材料直接生长在泡沫镍导电基底上，与基底之间具有较好的结合力，也避免了因活膏涂膜制备电极材料引起的导电性

差的问题。

②该电极材料在电流密度为 1 A·g^{-1} 时,具有较高的比容量 1902 F·g^{-1}、优异的循环稳定性及倍率性能,这是由于 Co_3O_4 和 $CoMoO_4$ 两种材料的协同效应及这种特殊的核壳结构共同作用的结果。通过比表面积测试发现,核壳结构的特殊形貌结构有利于提高电极材料的比表面积,使得电极材料表面的反应活性位点增加,而且材料的导电性也得到了提高。这些都证明了复合材料具有更加优异的电化学性能。

③在固态电解质条件下研究对称和非对称器件,结果表明这两种器件具有高的能量存储能力和循环使用寿命。其中,非对称型器件的能量密度为 50.1 (W·h)·kg^{-1}(相应功率密度为 400 W·kg^{-1})、功率密度为 6400 W·kg^{-1}〔相应能量密度为 40.9 (W·h)·kg^{-1}〕。核壳结构的 Co_3O_4@ $CoMoO_4$ 电极材料具有这样优异的储能特性有望在未来能源器件方面有着潜在的应用价值。

第5章
柔性 $CoMoO_4$ @ $NiMoO_4 \cdot xH_2O$ 核壳纳米复合材料的构筑及其电容性能研究

5.1 引言

目前市场对于智能电子器件的需求是质轻、固态、柔性的能源小型器件，这样不仅容易携带，而且还具有一定的机械性能。第3章研究制备的是在液态电解质条件下的器件，这类器件在实际应用中会受到不易携带、柔韧性及稳定性等的限制。第4章研究了固态电解质条件下的器件性能，由于是以泡沫镍作导电基底，在弯折一定程度后不容易恢复器件原有状态，因此对性能影响也较大。基于以上两章的研究内容及目前市场形势，本章研究了柔性、固态、质轻的小型能源存储器件，并且研究了非对称型电容器器件性能，因为其可以扩宽研究器件的电压窗口范围。目前，碳材料作为电容器负极材料，仍然是被研究的比较广泛的材料。然而，碳材料的比容量与金属氧化物相比，相对较小，一般为 $100\sim250\ F\cdot g^{-1}$。对于人们报道的赝电容负极材料的性能也不尽如人意，这些材料的性能，如比容量比较低、循环性能也比较差。在所报道的为数不多的赝电容材料中，Fe_2O_3 体现出比较优异的性能，如价格低廉、无环境污染，并且所含元素地球储量丰富。此外，Fe_2O_3 与碳材料相比具有高的比容量及宽的电位窗口。然而，Fe_2O_3 电极材料的导电性较差，并且形貌容易聚集，限制了该材料的使用。有效的办法是将该材料制备成纳米级，并且生长到导电基底上直接用来作无黏合剂涂抹的电极材料，这样材料导电性差的问题将被解决。纳米级材料能够便于电解液渗入电极材料内部，从而提高赝电容材料的使用。本章在前面工作基础上，采用两

步水热法合成制得 $CoMoO_4@NiMoO_4·xH_2O$ 核壳纳米结构，以及一步水热法制备 Fe_2O_3 纳米棒柔性电极材料，所制备的材料直接生长在柔性碳布导电基底上。$NiMoO_4$ 纳米片包覆在 $CoMoO_4$ 纳米线的表面形成了核壳网络多孔的 $CoMoO_4@NiMoO_4·xH_2O$ 结构材料。这种特殊的构筑有利于电荷存储和传输，可以提供大的接触面积及高效的电子转移。除此之外，Fe_2O_3 纳米棒具有宽的电位窗口范围 $-1.2\sim 0$ V。因此，Fe_2O_3 纳米棒作负极和 $CoMoO_4@NiMoO_4·xH_2O$ 作正极可以相应地增大器件的电位窗口从而充分发挥出材料大的理论比容量。

5.2 电极材料的制备和器件组装

实验中所用的原材料均为分析纯。在制备材料之前，首先对柔性碳布（1 cm×1 cm×0.1 cm）导电基底预处理。具体过程为：将裁剪好的柔性碳布导电基底（面积大小 1 cm×1 cm）用丙酮、乙醇和水分别连续超声清洗 30 min。取出超声清洗后的碳布，再将其浸渍到 6 mol·L^{-1} 硝酸中浸泡 24 h，最后用乙醇和水反复进行冲洗，在 60 ℃干燥箱中干燥 5 h。取出干燥好的碳布基底，用接触角测试仪测试碳布基底的亲疏水特性，当出现接触角为 0°的结果就表明碳布完全亲水。结果表明碳布基底接触角为 0°，即碳布完全亲水。碳布作为导电基底有较好的导电性和宽松的纤维编织结构，这种结构有利于电解液充分扩散到电极材料中。活性物质的质量为直接生长到碳布导电基底上的材料与碳布总质量与碳布导电基底质量差值。实验中采用水热法制备 $NiMoO_4·xH_2O$ 纳米片、$CoMoO_4$ 纳米线和 $CoMoO_4@NiMoO_4·xH_2O$ 核壳纳米复合结构电极材料。

5.2.1 $CoMoO_4$ 纳米线结构材料的制备

称取 1.46 g $Co(NO_3)_2·6H_2O$ 和 1.21 g $Na_2MoO_4·7H_2O$ 溶于 50 mL 的去离子水中，并且进行不断搅拌，当搅拌均匀时，可以看到溶液呈浅紫色。将清洗好的碳布和搅拌均匀的紫色溶液转移到体积为 100 mL 的密闭反应釜中，反应温度为180 ℃、时间为12 h。反应釜逐渐冷却至室温后，样品均匀地生长在碳布基底上。将样品取出进行收集，用去离子水和乙醇反复冲洗，然后在恒温干燥箱中60 ℃干燥12 h。将干燥后的样品在马弗炉中300 ℃热处理1 h，最后得目标产物$CoMoO_4$纳米线。

5.2.2 $NiMoO_4 \cdot xH_2O$ 纳米片结构材料的制备

称取 0.25 g Ni$(CH_3COO)_2 \cdot 4H_2O$、0.2 g 钼酸铵和 0.24 g 的 $CO(NH_2)_2$ 固体一同溶于40 mL 去离子水中，并不断搅拌30 min。将上述混合溶液和洗干净的碳布转移到100 mL 密闭不锈钢反应釜中160 ℃反应10 h。当反应釜冷却至室温，取出生长在碳布上的电极材料，用去离子水和乙醇反复冲洗，在恒温干燥箱中60 ℃干燥12 h。最后将样品在400 ℃马弗炉中热处理3 h 得 $NiMoO_4$ 纳米片。

5.2.3 $CoMoO_4@NiMoO_4 \cdot xH_2O$ 核壳结构材料的制备

将生长在碳布基底上的$CoMoO_4$纳米线材料放到上步中制备$NiMoO_4$纳米片材料未反应的混合溶液中，一同转移到100 mL 密闭不锈钢反应釜中160 ℃、10 h。反应釜冷却至室温时，取出 $CoMoO_4@NiMoO_4 \cdot xH_2O$ 核壳结构材料用去离子水和乙醇进行反复冲洗，在恒温干燥箱中干燥60 ℃、12 h。产物最后经过马弗炉中400 ℃热处理3 h，获得生长在碳布基底上的 $CoMoO_4@NiMoO_4 \cdot xH_2O$ 核壳结构材料。

5.2.4 Fe_2O_3 纳米棒的制备

称取1.08 g 的 $FeCl_3 \cdot 6H_2O$ 和 0.56 g 的 Na_2SO_4 放在80 mL 去离子水中不断搅拌至30 min。上述混合溶液和清洗干净的碳布转移到100 mL 密闭不锈钢反应釜中，反应120 ℃、8 h。当不锈钢反应釜冷却至室温，将反应釜中材料取出，用去离子水和乙醇进行反复冲洗，恒温干燥箱中干燥60 ℃。最后将样品在400 ℃马弗炉中热处理3 h，得 Fe_2O_3 纳米棒材料。在制备 Fe_2O_3 纳米棒过程中，Na_2SO_4 的引入起到结构导向的作用，能够有利于其结构的形成。

5.2.5　器件组装

固态非对称器件是由正极电极材料 $CoMoO_4@NiMoO_4 \cdot xH_2O$、电解液及作为负极 Fe_2O_3 纳米棒组装而成。$CoMoO_4@NiMoO_4 \cdot xH_2O$ 电极面积大小为 1.0 cm×1.0 cm，质量为 1.8 mg·cm^{-2}。Fe_2O_3 纳米棒电极面积大小也为 1.0 cm×1.0 cm，质量为 2.3 mg·cm^{-2}。电解液配制如下：称量 6 g PVA（polyvinyl alcohol）及 5.6 g 的 KOH 放入 80 ℃、50 mL 去离子水中，并进行不断搅拌，直到混合物变澄清凝胶状。正负极材料和分离隔膜浸渍到配制好的凝胶电解质中 5 min 后取出，组装成正极–隔膜–负极器件。将制备好的器件放置在空气中 24 h。制备的非对称器件比容量、能量密度和功率密度的计算是正极和负极活性质量之和。器件厚度为 1.15~1.34 mm。器件的测试是在室温条件下、两电极体系中进行。

$CoMoO_4@NiMoO_4 \cdot xH_2O$ 核壳结构材料取 10 mm×10 mm 直接用来作为工作电极，4 cm×1 cm 的铂片作为对电极，饱和甘汞电极作为参比电极。接下来的电化学性能测试均是在室温下，2.0 mol·L^{-1} 的 KOH 溶液作为电解液三电极体系中进行。首先是对材料循环伏安曲线测试（CV），电压窗口为 −0.2~0.6 V（相对于饱和甘汞电极），扫速范围为 5~100 mV·s^{-1}。恒电流充放电测试在不同电流密度下，电压范围为 0~0.5 V，循环次数为 3000 次。电化学阻抗（EIS）在开路电位条件下，频率范围为 0.01~1×10^5 Hz。

比容量、能量密度和功率密度的计算如下：

$$C_s = i\Delta t/m\Delta V \tag{5-1}$$

$$E = 0.5C_s\Delta V^2/3.6 \tag{5-2}$$

$$P = 3600E/\Delta t \tag{5-3}$$

式中，C_s 代表比容量，F·g^{-1}；i 代表电流密度，A；Δt 为放电的时间，s；ΔV 为放电过程压降，V；m 为活性材料的质量，g；E 为能量密度，(W·h)·kg^{-1}；P 为功率密度，W·kg^{-1}。

5.3 制备材料的生长过程及表征

5.3.1 制备材料的生长过程

实验中清洗好的碳布导电基底、水热反应制备得到的 $CoMoO_4$、热处理 $CoMoO_4$ 后得到的 $CoMoO_4$ 纳米线、核壳结构的 $CoMoO_4@NiMoO_4·xH_2O$ 和 Fe_2O_3 纳米棒负极电极材料实物图片从左到右如图 5-1 所示。

图 5-1 电极材料的实物图

从左到右分别为碳布、$CoMoO_4$、热处理后的 $CoMoO_4$、$NiMoO_4·xH_2O$、热处理后的 $NiMoO_4·xH_2O$、$CoMoO_4@NiMoO_4·xH_2O$ 核壳结构、Fe_2O_3

Fig. 5-1 The optical images of the as prepared electrodes

From the left to right in turn is carbon cloth, $CoMoO_4$, $CoMoO_4$, $NiMoO_4·xH_2O$, $NiMoO_4·xH_2O$, $CoMoO_4@NiMoO_4·xH_2O$ core-shell structures and Fe_2O_3, respectively

由图可以看出，材料均匀地分布在碳布导电基底上。通过标尺可以看出电极材料面积大小是 1 cm×1 cm。

柔性的 $CoMoO_4@NiMoO_4·xH_2O$ 核壳结构制备过程示意图如图 5-2 所示。制备过程主要是两步水热法。第一步，通过水热法将浅紫色的 $CoMoO_4$ 生长在碳布上。热处理之后，外观变成了紫黑色的 $CoMoO_4$ 纳米线阵列。第二步，将制备得到的 $CoMoO_4$ 纳米线阵列浸渍到浅绿色的 $NiMoO_4·xH_2O$ 溶液中，再次水热反应，再进行热处理，最后得到 $CoMoO_4@NiMoO_4·xH_2O$ 核壳结构材料。

第5章　柔性 CoMoO₄@NiMoO₄·xH₂O 核壳纳米复合材料的构筑及其电容性能研究

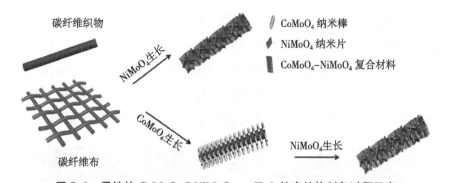

图 5-2　柔性的 CoMoO₄@NiMoO₄·xH₂O 核壳结构制备过程示意

Fig. 5-2　schematic illustration for the fabrication of the flexible CoMoO₄@NiMoO₄·xH₂O core-shell structures

5.3.2　CoMoO₄ 纳米线的形貌表征

碳布和合成材料的形貌和微观结构如图 5-3 所示。图 5-3 a 给出的 SEM 图是碳布导电基底的微观形貌。图中表明碳布是由相互交织的碳纤维构成。插图为碳布的高倍 SEM 图片，可以看出单根碳纤维直径为 15 μm。实验中制备的 CoMoO₄ 形貌如图 5-3 b 所示，可以看出线状结构生长在碳布基底上。插图说明 CoMoO₄ 纳米线的平均粒径为 100 nm，长度约为 1.5 μm。

图 5-3　碳布和合成材料的形貌和微观结构

a 为碳布的低倍 SEM 图片，插图为高倍 SEM 图片；b 生长在碳布上的 CoMoO₄ 纳米线阵列

Fig. 5-3　SEM images of Carbon cloth and CoMoO₄ nanowires on carbon cloth

SEM images of a Carbon cloth, the inset is the high magnification SEM image; b CoMoO₄ nanowires on carbon cloth, The inset is the magnified view

透射电镜测试用来证明合成材料微观形貌，如图 5-4 所示。图 5-4 a 描述了低倍的 $CoMoO_4$ 纳米线 TEM 图，从图中可以看出其线状形貌并且其粒径大小为 100 nm。从图 5-4 b 中的高分辨透射电镜图片可以看出晶面间距为 0.67 nm，对应于 $CoMoO_4$ 单斜晶相的（001）晶面。图 5-4 c 为相应选区电子衍射，可以看出其衍射斑点对应的分别是（001）晶面和（020）晶面。

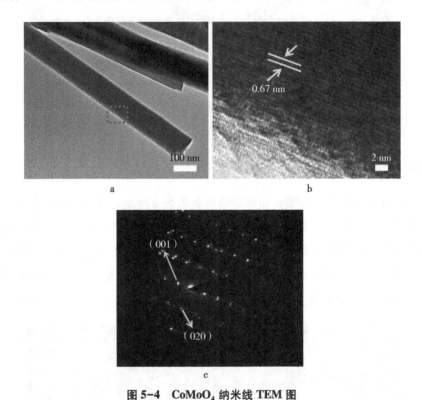

图 5-4 $CoMoO_4$ 纳米线 TEM 图

a 低倍的 $CoMoO_4$ 纳米线 TEM 照片；b $CoMoO_4$ 纳米线的高分辨透射电镜图；c $CoMoO_4$ 纳米线的选区电子衍射

Fig. 5-4 TEM image of $CoMoO_4$ NW

a, b Low magification HRTEM image of the $CoMoO_4$ NW; c SAED pattern of $CoMoO_4$ NW

5.3.3 $NiMoO_4 \cdot xH_2O$ 纳米片的形貌表征

图 5-5 为实验中制备的 $NiMoO_4 \cdot xH_2O$ 纳米片 SEM 图片，由图可以看出有很多片状结构生长在碳布基底上。插图可以看出纳米片的厚度约为

10 nm，且这些纳米片相互交织形成网络多孔结构。

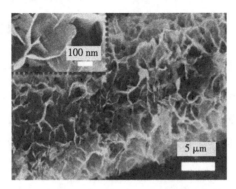

图 5-5　生长在碳布上的 $NiMoO_4 \cdot xH_2O$ 纳米片的 SEM

Fig. 5-5　SEM image of $NiMoO_4 \cdot xH_2O$ nanosheets on carbon cloth

图 5-6 为 $NiMoO_4 \cdot xH_2O$ 纳米片 TEM。图 5-6 a 为 $NiMoO_4 \cdot xH_2O$ 纳米片的低倍 TEM，可以看出片状形貌，与图 5-5 SEM 测试形貌一致。图 5-6 b 是对图 5-6 a 所选方框区域的高分辨测试。晶面间距为 0.43 nm、0.40 nm 和 0.32 nm，对应着立方晶相 $NiMoO_4 \cdot xH_2O$（PDF, card No 21-0868）（010）、（002）和（310）晶面。插图为相应的选区电子衍射测试，可看出所制备的 $NiMoO_4 \cdot xH_2O$ 纳米片材料为多晶结构。

图 5-6　$NiMoO_4$ 纳米片的 TEM

a 低倍的 $NiMoO_4$ 纳米片的 TEM；b $NiMoO_4$ 纳米片的高分辨透射电镜照片，插图为 $NiMoO_4$ 纳米片的选区电子衍射

Fig. 5-6　TEM image of $NiMoO_4$ nanosheets

a Low magnification TEM image of $NiMoO_4$ nanosheets; b HRTEM image of the $NiMoO_4$ nanosheets, the inset is the SAED pattern of $NiMoO_4$ nanosheets

5.3.4 CoMoO$_4$@NiMoO$_4 \cdot x$H$_2$O 核壳结构的形貌表征

图 5-7 为不同倍数条件下测试 CoMoO$_4$@NiMoO$_4 \cdot x$H$_2$O 核壳结构材料 SEM 图。图 5-7 a、图 5-7 b 表明了碳布表面含有大量的 CoMoO$_4$@NiMoO$_4 \cdot x$H$_2$O 核纳米复合结构材料生长在碳布导电基底上。这些核壳纳米复合结构材料均匀地分布在柔性碳布导电基底上，相互交织形成网络多孔结构。

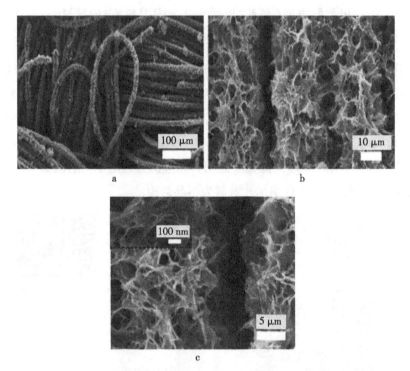

图 5-7 不同倍数条件下测试 CoMoO$_4$@NiMoO$_4 \cdot x$H$_2$O 的 SEM 图
Fig. 5-7 SEM images of CoMoO$_4$@NiMoO$_4 \cdot x$H$_2$O at different magnifications

CoMoO$_4$@NiMoO$_4 \cdot x$H$_2$O 的高倍 SEM 图如图 5-7 c 所示，可以清晰地看出 NiMoO$_4 \cdot x$H$_2$O 纳米片包覆在 CoMoO$_4$ 纳米线表面。这些 NiMoO$_4 \cdot x$H$_2$O 纳米片之间相互交织形成大量孔隙。插图证实多孔 CoMoO$_4$@NiMoO$_4 \cdot x$H$_2$O 形貌材料的孔径大小范围为 10~100 nm。这些孔隙的存在，将有利于提高电极

材料的比表面积和电解液与电极材料的充分接触,加快离子和电子快速传输,从而提高电极材料的导电性和电化学反应速率。

选择图 5-7 c 的整个区域进行如图 5-8 所示的 SEM 图测试。由图 5-8 可以清晰地看出这些元素分布得很均匀,并且所含元素只有 O、Co、Ni 和 Mo,说明合成材料 $CoMoO_4@NiMoO_4·xH_2O$ 中无其他杂质元素。

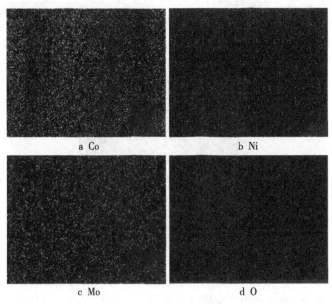

图 5-8 Co、Ni、Mo 和 O 元素的 SEM 图

Fig. 5-8 SEM mapping images of Co, Ni, Mo and O elements

图 5-9 a 为单根 $CoMoO_4@NiMoO_4·xH_2O$ 核壳结构 TEM 图。可以证明合成材料为核壳结构,核为 $CoMoO_4$ 纳米线,粒径大小为 100 nm,壳为 $NiMoO_4·xH_2O$ 纳米片。

图 5-9 b 为 $CoMoO_4@NiMoO_4·xH_2O$ 核壳结构高分辨透射电镜图,晶面间距分别为 0.43 nm、0.40 nm 和 0.32 nm,对应于(PDF,No 13-0128)4.30 Å、4.06 Å 和 3.26 Å。然而仍然无法明确它们对应于 XRD 的哪一个晶面,因为 $NiMoO_4·xH_2O$ 的晶体结构现在还不够明确。

图 5-9 c 为 $NiMoO_4·xH_2O$ 纳米片选区电子衍射图片,可以清晰地看出环形的衍射斑点存在,说明材料为多晶结构。衍射环对应于 $NiMoO_4·xH_2O$ 的(020)、(220)和(040)晶面,这和 $NiMoO_4·xH_2O$ 的 XRD 结果一致。

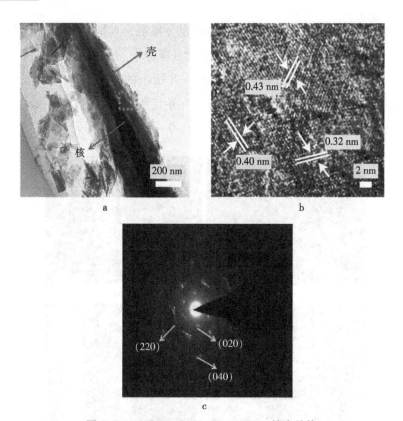

图 5-9 CoMoO$_4$@NiMoO$_4$·xH$_2$O 核壳结构

a 单根的 CoMoO$_4$@NiMoO$_4$·xH$_2$O 核壳结构 TEM 图；b CoMoO$_4$@NiMoO$_4$·xH$_2$O 核壳结构的高分辨透射电镜图；c CoMoO$_4$@NiMoO$_4$·xH$_2$O 核壳结构的选区电子衍射

Fig. 5-9 CoMoO$_4$@NiMoO$_4$·xH$_2$O core-shell structures

a TEM image of the single CoMoO$_4$@NiMoO$_4$·xH$_2$O core-shell structures; b HRTEM image of the CoMoO$_4$@NiMoO$_4$·xH$_2$O core-shell structures; c SAED pattern of CoMoO$_4$@NiMoO$_4$·xH$_2$O core-shell structures

为进一步证明 CoMoO$_4$@NiMoO$_4$·xH$_2$O 为核壳结构材料，对其进行 TEM 表征，如图 5-10 所示。图 5-10 a 为 CoMoO$_4$ 纳米线 TEM 图，从图可以看出其线状形貌，选择框内区域对该部分进行 TEM 测试，如图 5-10 b 所示，可以看出含 Co、Mo 和 O 3 种元素。图 5-10 c 为 CoMoO$_4$@NiMoO$_4$·xH$_2$O 材料的进一步 TEM 测试，从图中可以看出其是核壳结构，中心为线状，外壳为片状包裹核壳结构。对框内区域进行 TEM 元素分析测试如图 5-10 d 所示，可以看出含 Co、Ni、Mo 和 O 4 种元素，与图 5-10 a、图 5-10 b 相比，证明合成材料为核壳结构。

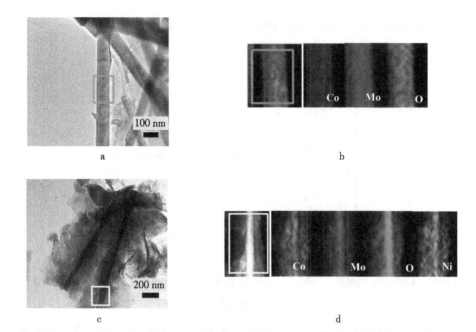

图 5-10　CoMoO$_4$ 纳米线和 CoMoO$_4$@NiMoO$_4$·xH$_2$O 核壳结构的 TEM 照片

a CoMoO$_4$ 纳米线透射电镜，框内区域用来对合成材料进行能谱测试；b Co、Mo 和 O 元素的 TEM 测试；c CoMoO$_4$@NiMoO$_4$·xH$_2$O 核壳结构材料的透射电镜，框内区域用来对合成材料进行能谱测试；d Co、Mo、O 和 Ni 元素的 TEM 测试

Fig. 5-10　TEM images of CoMoO$_4$NWs and CoMoO$_4$@NiMoO$_4$·xH$_2$O core-shell structures

a TEM image of the CoMoO$_4$NWs, The labeled zone is selected for mapping images; b Co, Mo and O elements mapping images; c TEM image of the CoMoO$_4$@NiMoO$_4$·xH$_2$O core-shell structures, The labeled zone is selected for mapping; d Co, Mo, O and Ni elements mapping

5.3.5　制备材料的结构表征

图 5-11 为实验制备的 CoMoO$_4$ 纳米线、NiMoO$_4$·xH$_2$O 纳米片和 CoMoO$_4$@NiMoO$_4$·xH$_2$O 核壳纳米复合结构材料的 XRD。分别对应于 NiMoO$_4$·xH$_2$O（PDF，card No 13-0128）及单斜相的 CoMoO$_4$（PDF，card No 21-0868）。除此之外，几个弱的衍射峰对应于 NiMoO$_4$（PDF，card No 12-0348）及 CoMoO$_6$·0.9H$_2$O（PDF，card No 14-1186）。这个结果和 Liu 报道的 CoMoO$_6$·0.9H$_2$O 及 Ghosh 报道的 NiMoO$_4$ 结果相一致。CoMoO$_4$@NiMoO$_4$·xH$_2$O 的 XRD 衍射峰包含 NiMoO$_4$·xH$_2$O 和 CoMoO$_4$ 的衍

射峰，表明制备材料为 $CoMoO_4@NiMoO_4 \cdot xH_2O$ 复合材料。

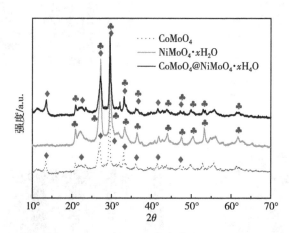

图 5-11　$CoMoO_4$ 纳米线、$NiMoO_4 \cdot xH_2O$ 纳米片和 $CoMoO_4@NiMoO_4 \cdot xH_2O$ 核壳复合结构材料的 XRD

Fig. 5-11　XRD patterns of $CoMoO_4$NWs, $NiMoO_4 \cdot xH_2O$ NSs, and 3D networked $CoMoO_4@NiMoO_4 \cdot xH_2O$ core-shell heterostructures

5.3.6　制备材料的比表面积表征

$CoMoO_4$ 纳米线、$NiMoO_4 \cdot xH_2O$ 纳米片、$CoMoO_4@NiMoO_4 \cdot xH_2O$ 核壳结构的比表面积通过氮气吸脱附测试来分析其比表面积大小，相应的测试如图 5-12 所示。图 5-12 a 至图 5-12 c 分别为电极材料 $CoMoO_4$ 纳米线、$NiMoO_4 \cdot xH_2O$ 纳米片和核壳结构的 $CoMoO_4@NiMoO_4 \cdot xH_2O$ 氮气吸脱附曲线。核壳结构的 $CoMoO_4@NiMoO_4 \cdot xH_2O$ 比表面积为 94.25 $m^2 \cdot g^{-1}$，大于 $NiMoO_4 \cdot xH_2O$ 纳米片的比表面积（72.92 $m^2 \cdot g^{-1}$）及 $CoMoO_4$ 线状结构的比表面积（37.93 $m^2 \cdot g^{-1}$）。图中的插图为制备材料的孔径分布图，从图中可以看出，孔径大小在 50~100 nm 分布较多，这些孔径是材料之间相互交织形成的。这种大的比表面积，有利于电解质充分扩散到电极材料表面，缩短电解质中离子和电子的传输路径，加快与电极材料进行电化学反应，有利于电化学性能提升。

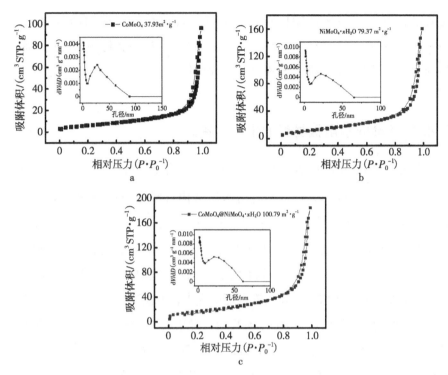

图 5-12 CoMoO₄ 纳米线、NiMoO₄·xH₂O 纳米片、CoMoO₄@NiMoO₄·xH₂O 核壳结构的 N₂ 吸脱附曲线

a CoMoO₄ 纳米线结构材料；b NiMoO₄·xH₂O 纳米片结构材料；c CoMoO₄@NiMoO₄·xH₂O 核壳结构材料

Fig. 5-12　CoMoO₄ NWs, NiMoO₄·xH₂O NSs and CoMoO₄@NiMoO₄·xH₂O nanostructures

a CoMoO₄ NWs; b NiMoO₄·xH₂O NSs; c CoMoO₄@NiMoO₄·xH₂O nanostructures

5.4　三电极条件下的电化学性能

实验中，对所合成材料的电化学性能测试，首先是在 2 mol·L⁻¹ KOH 的电解液中，三电极体系条件下进行测试。钼酸盐材料作为无机材料中重要的一部分，在各个领域具有多方面的应用。CoMoO₄ 具有很好的倍率性能和循环稳定性。然而钼酸钴的比容量文献中报道的要比其他金属氧化物的比容量低。而 NiMoO₄ 由于镍离子的电化学活性较强，该材料具有比较高的

比容量，但是其倍率性能比较差。本章通过设计核壳结构的 $CoMoO_4$ 和 $NiMoO_4 \cdot xH_2O$ 复合材料，这样的复合材料结合上述两者材料的优点，制备得到的电极材料的比容量、倍率性能都比较优异。

5.4.1　$CoMoO_4$ 电极材料的电化学性能

首先研究了 $CoMoO_4$ 纳米线在三电极体系条件下的电化学性能测试，如图 5-13 所示。图 5-13 a 为 $CoMoO_4$ 纳米片结构材料在不同扫速 $5\ mV \cdot s^{-1}$、$10\ mV \cdot s^{-1}$、$20\ mV \cdot s^{-1}$、$30\ mV \cdot s^{-1}$、$50\ mV \cdot s^{-1}$、$80\ mV \cdot s^{-1}$ 和 $100\ mV \cdot s^{-1}$ 条件下的循环伏安曲线。由图可以看出 $CoMoO_4$ 纳米片结构材料的循环伏安曲线有一对氧化还原峰，说明该材料为赝电容储能机制。随着扫速不断增加，循环伏安曲线的面积增大、峰电流也逐渐变大，而循环伏安曲线的形状并未发生大的改变。这说明反应加快，存储电荷量增加，电极材料具有较好的稳定性。图 5-13 b 为 $CoMoO_4$ 纳米片结构材料在不同电流密度 $1\ A \cdot g^{-1}$、$3\ A \cdot g^{-1}$、$5\ A \cdot g^{-1}$、$8\ A \cdot g^{-1}$、$10\ A \cdot g^{-1}$ 和 $15\ A \cdot g^{-1}$ 条件下的充放电测试。

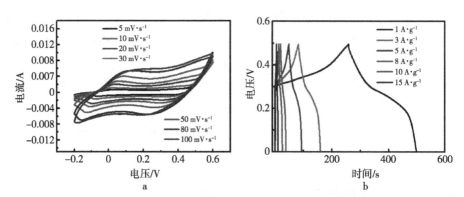

图 5-13　$CoMoO_4$ 纳米线在三电极体系条件下的电化学性能测试

a $CoMoO_4$ 纳米线电极在不同扫速条件下的循环伏安曲线；b $CoMoO_4$ 纳米片和 $NiMoO_4 \cdot xH_2O$ 纳米片电极在不同电流密度条件下的充放电曲线

Fig. 5-13　The electrochemical performance of $CoMoO_4$ nanowires

a Cyclic voltammograms of $CoMoO_4$ nanowires electrode obtained at different scan rates, respectively; b Charge/discharge curves of $CoMoO_4$ nanowires and $NiMoO_4 \cdot xH_2O$ nanosheets electrode at different current densities, respectively

第5章 柔性 CoMoO₄@NiMoO₄·xH₂O 核壳纳米复合材料的构筑及其电容性能研究

根据比容量方程 $C_s = i\Delta t/m\Delta V$ 计算其在不同电流密度条件下的比容量,分别为 396 F·g⁻¹、378 F·g⁻¹、360 F·g⁻¹、336 F·g⁻¹、300 F·g⁻¹ 和 270 F·g⁻¹。

5.4.2 NiMoO₄·xH₂O 电极材料的电化学性能

图 5-14 a 为 MnO₂ 纳米片在扫描速度为 5 mV·s⁻¹、10 mV·s⁻¹、20 mV·s⁻¹、30 mV·s⁻¹、50 mV·s⁻¹、80 mV·s⁻¹ 和 100 mV·s⁻¹ 条件下的循环伏安曲线测试。由图可以看出,循环伏安曲线随着扫速增加,循环伏安曲线面积增大,峰电流也变大,而循环伏安曲线的形状并未发生大的改变。这说明反应加快,存储电荷量增加,电极材料具有较好的稳定性。图 5-14 b 为 MnO₂ 纳米片结构材料在不同电流密度 1 A·g⁻¹、3 A·g⁻¹、5 A·g⁻¹、8 A·g⁻¹、10 A·g⁻¹ 和 15 A·g⁻¹ 条件下的充放电测试。根据比容量计算式(5-1)计算其在不同电流密度条件下的比容量,分别为 1108 F·g⁻¹、780 F·g⁻¹、710 F·g⁻¹、672 F·g⁻¹、620 F·g⁻¹ 和 510 F·g⁻¹。

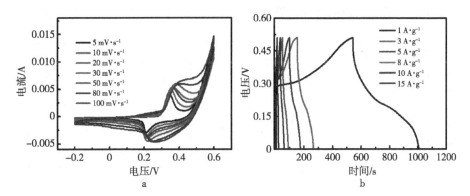

图 5-14 NiMoO₄·xH₂O 纳米片电极的电化学性能

a NiMoO₄·xH₂O 纳米片电极在不同扫速条件下的循环伏安曲线;b NiMoO₄ 纳米片电极在不同电流密度条件下充放电曲线

Fig. 5-14 The electrochemical performance of NiMoO₄·xH₂O nanosheets electrode

a Cyclic voltammograms of NiMoO₄·xH₂O nanosheets electrode obtained at different scan rates; b Charge/discharge curves of NiMoO₄ nanosheets electrodes at different current densities, respectively

5.4.3 $CoMoO_4$@$NiMoO_4 \cdot xH_2O$ 电极材料的电化学性能

实验中,首先在相同扫描速度条件下对合成材料的循环伏安曲线进行对比。图 5-15 a 给出了碳布、$CoMoO_4$ 纳米线、$NiMoO_4 \cdot xH_2O$ 纳米片及 $CoMoO_4$@$NiMoO_4 \cdot xH_2O$ 在扫速 $5\ mV \cdot s^{-1}$ 条件下的循环伏安曲线。这个结果说明碳布作为基底与其他材料相比,容量贡献很小,可忽略不计。$CoMoO_4$@$NiMoO_4 \cdot xH_2O$ 核壳结构的循环伏安曲线的电流强度和闭合曲线面积要大于单一的 $CoMoO_4$ 纳米线和 $NiMoO_4 \cdot xH_2O$ 纳米片。这是由于相互交织形成网络多孔 $CoMoO_4$ 纳米线和 $NiMoO_4 \cdot xH_2O$ 纳米片的复合结构有利于电解质在材料表面扩散,加快离子、电子在材料表面的传输,提高反应速率。图 5-15 b 为对核壳结构的 $CoMoO_4$@$NiMoO_4 \cdot xH_2O$ 复合材料电极在不同扫速 $5\ mV \cdot s^{-1}$、$10\ mV \cdot s^{-1}$、$20\ mV \cdot s^{-1}$、$30\ mV \cdot s^{-1}$、$50\ mV \cdot s^{-1}$、$80\ mV \cdot s^{-1}$、$100\ mV \cdot s^{-1}$ 条件下的循环伏安曲线。由图可以看出循环伏安曲线图有一对氧化还原峰,说明核壳结构的 $CoMoO_4$@$NiMoO_4 \cdot xH_2O$ 电极材料为赝电容储能机制。随着扫速的增加,循环伏安曲线面积增加,并且峰电流也呈现线

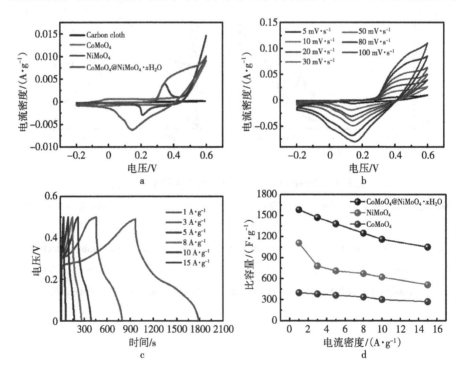

第5章 柔性 CoMoO₄@NiMoO₄·xH₂O 核壳纳米复合材料的构筑及其电容性能研究

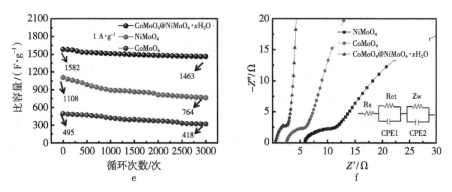

图 5-15 CoMoO₄@NiMoO₄·xH₂O 核壳结构电极的电化学性测试

a 碳布、CoMoO₄ 纳米线、NiMoO₄·xH₂O 纳米片和 CoMoO₄@NiMoO₄·xH₂O 核壳结构在扫速 5 mV·s⁻¹ 时的循环伏安曲线；b CoMoO₄@NiMoO₄·xH₂O 制备样品在不同扫速条件下的循环伏安测试；c 制备样品在不同电流密度条件下的充放电测试；d CoMoO₄ 纳米线、NiMoO₄·xH₂O 纳米片、CoMoO₄@NiMoO₄·xH₂O 核壳结构在不同电流密度控制条件下的循环 100 次；e 相同的电流密度 3 A·g⁻¹、相同的循环次数 3000 次条件下的循环测试；f 阻抗谱

Fig. 5-15 The electrochemical performance of CoMoO₄@NiMoO₄·xH₂O core-shell structrues

a CV curves of the carbon cloth, CoMoO₄ NWs, NiMoO₄·xH₂O NSs, and CoMoO₄@NiMoO₄·xH₂O core-shell structures at a scan rate of 5 mV·s⁻¹; b CV curves of CoMoO₄@NiMoO₄·xH₂O at the scan rate between 5 mV·s⁻¹ and 100 mV·s⁻¹; c Charge and discharge curves of the as-prepared products; d CoMoO₄ NWs, NiMoO₄·xH₂O NSs and CoMoO₄@NiMoO₄·xH₂O core-shell structures Plots of the current density against specific capacitances obtained from the galvanostatic charge-discharge curves; e Cycling performance at a discharge current density of 3 A·g⁻¹; f Nyquist plots

性增加。这说明扫速增加，反应加快，提高了电化学反应速率从而增加了电荷的存储。CoMoO₄ 纳米线及 NiMoO₄·xH₂O 纳米片氧化还原本质如下：

$$3[Co(OH)_3]^- \rightleftharpoons Co_3O_4 + 4H_2O + OH^- + 2e^- \quad (5-4)$$

$$Co_3O_4 + H_2O + OH^- \rightleftharpoons 3CoOOH + e^- \quad (5-5)$$

$$CoOOH + OH^- \rightleftharpoons CoO_2 + H_2O + e^- \quad (5-6)$$

$$Ni^{2+} + 2OH^- \rightleftharpoons Ni(OH)_2 \quad (5-7)$$

$$Ni(OH)_2 + OH^- \rightleftharpoons NiOOH + H_2O + e^- \quad (5-8)$$

CoMoO₄@NiMoO₄·xH₂O 电化学容量的产生是由于 Co²⁺/Co³⁺ 氧化还原电子对的可逆转移过程。Ni²⁺/Ni³⁺ 氧化还原对，很可能会受碱性溶液中的

OH^- 的影响。Mo 原子的主要作用是提高金属钼酸盐的导电性，从而获得可提高的电化学容量行为。随着扫速的增加，可以看出峰电流也在升高，这说明表面进行的法拉第反应，以及离子和电子的反应速率也在加快。从图中还可以看出，随着扫速增加，循环伏安曲线形状并未发生大的改变，说明在主体材料具有很好的稳定性，也表明材料具有优异的离子和电子导电性。为了研究所合成材料在不同电流密度条件下的比容量，实验中测试了 $CoMoO_4@NiMoO_4 \cdot xH_2O$ 在不同电流密度，电压窗口 0~0.5 V 条件下电极的充放电如图 5-15 c 所示。相应的 $CoMoO_4$ 纳米线、$NiMoO_4 \cdot xH_2O$ 纳米片、$CoMoO_4@NiMoO_4 \cdot xH_2O$ 核壳结构电极的比容量根据放电曲线计算结果如图 5-15 d 所示。根据式 (5-1) 计算得出 $CoMoO_4@NiMoO_4 \cdot xH_2O$ 电极材料在电流密度为 $1 A \cdot g^{-1}$、$3 A \cdot g^{-1}$、$5 A \cdot g^{-1}$、$8 A \cdot g^{-1}$、$10 A \cdot g^{-1}$ 和 $15 A \cdot g^{-1}$ 条件下对应的比容量分别为 $1582 F \cdot g^{-1}$、$1470 F \cdot g^{-1}$、$1380 F \cdot g^{-1}$、$1248 F \cdot g^{-1}$、$1160 F \cdot g^{-1}$ 和 $1050 F \cdot g^{-1}$。由图可以看出，$CoMoO_4@NiMoO_4 \cdot xH_2O$ 的比容量在相同条件下的比容量要高于单一的 $CoMoO_4$ 和 $NiMoO_4$ 电极材料。还可以看出，单一 $CoMoO_4$ 具有较好的倍率性能 68.2%，但是比容量比较低（$396 F \cdot g^{-1}$）。$NiMoO_4 \cdot xH_2O$ 的比容量比较高，在 $1 A \cdot g^{-1}$ 电流密度下比容量为 $1108 F \cdot g^{-1}$，但是当电流密度为 $15 A \cdot g^{-1}$，倍率性能只有 37.9%。$CoMoO_4@NiMoO_4 \cdot xH_2O$ 电极材料结合 $CoMoO_4$ 较好的倍率性能 66.4% 和 $NiMoO_4 \cdot xH_2O$ 电极材料较高的比容量，因此展现出优异的电化学性能。

Liu 等通过化学共沉淀的方法在泡沫镍导电基底上制备 $CoMoO_4$-$NiMoO_4 \cdot xH_2O$ 线束。这种线束在电流密度为 $1 A \cdot g^{-1}$ 时，比容量为 $1039 F \cdot g^{-1}$，并且该材料要比单一的 $NiMoO_4 \cdot xH_2O$ 的倍率性能好。Yin 等报道了以活性炭为负极，分级 $CoMoO_4$-$NiMoO_4$ 纳米管作正极材料非对称型器件。这个器件能量密度为 33 $(W \cdot h) \cdot kg^{-1}$（对应的功率密度为 $375 W \cdot kg^{-1}$），并且在较高的功率密度 $6000 W \cdot kg^{-1}$ 时，能量密度仍然能达到 16.3 $(W \cdot h) \cdot kg^{-1}$。Zhang 等研究了 $NiMoO_4@CoMoO_4$ 分级纳米球，并且探索了电压窗口 1.5 V 时非对称型电容器的电化学性能。以上研究得到的材料都是直接生长到镍网上或者将材料涂抹到镍网导电基底上制备的电极材料。而本书是将电极材料直接生长到柔性导电碳纤维基底上。

表 5-1 给出了实验制得核壳结构材料的比容量与其他参考文献对比。

表 5-1 实验制得核壳结构材料的比容量与参考文献对比

Table 5-1 The electrochemical performance of Co_3O_4@$CoMoO_4$ nanopine forests compared with the references

电极材料	电流密度/(A·g^{-1})	比容量/(F·g^{-1})	参考文献
$CoMoO_4$-$NiMoO_4$·xH_2O 纳米簇	1	1039	[40]
$MnMoO_4$/$CoMoO_4$ 异质结构纳米线	3	134.7	[36]
$CoMoO_4$/graphene 复合材料	1	394.5	[106]
$NiMoO_4$@$CoMoO_4$ 分级纳米球	6	812	[91]
聚苯胺包覆的 1D $CoMoO_4$·0.75H_2O 纳米棒	1	380	[108]
分级的 3D$CoMoO_4$纳米片	1	352	[160]
$NiMoO_4$纳米棒	1 10	974.4 821.4	[161]
基于分级纳米片的 $NiMoO_4$	1	1350 864	[162]
石墨烯修饰的 $NiMoO_4$·nH_2O 纳米棒	5	367	[163]
$NiMoO_4$·H_2O 纳米团簇	1	680	[164]
$NiMoO_4$·xH_2O 纳米棒	1	1131	[15]
$CoMoO_4$@$NiMoO_4$·xH_2O 核壳异质结构电极材料	10 5 3 1	1050 1380 1470 1582	本书实验值

循环稳定性是否优异也是衡量电极材料性能的重要参数之一。因此，实验中进一步对 $CoMoO_4$、$NiMoO_4$·xH_2O 和核壳结构的 $CoMoO_4$@$NiMoO_4$·xH_2O 3 个电极材料测试了在电流密度为 1 A·g^{-1} 时循环 3000 次的研究。由图 5-15 e 可以看出，$CoMoO_4$@$NiMoO_4$·xH_2O 电极材料具有较好的稳定性，3000 次循环后容量损失为 2.9%。由图 5-15 e 可以看出，其稳定性比 $CoMoO_4$ 高 30%，比 $NiMoO_4$·xH_2O 高 6.1%。实验中对于该核壳结构材料在电流密度

为 1 A·g^{-1} 循环 3000 次的稳定性给出了第一圈循环测试和最后一圈循环测试的充放电曲线，如图 5-16 所示。可以看出充放电曲线在循环 3000 次后，第一圈和最后一圈的充放电曲线形状并未发生大的改变，并且充放电时间也基本一致。这说明，$CoMoO_4$@$NiMoO_4 \cdot xH_2O$ 核壳纳米复合结构材料在充放电循环测试过程中性能较稳定。

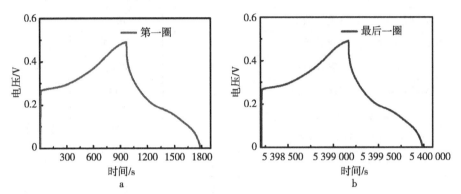

图 5-16 $CoMoO_4$@$NiMoO_4 \cdot xH_2O$ 电极材料在电流密度为 1 A·g^{-1} 循环 3000 次的第一圈和最后一圈的充放电曲线

Fig. 5-16 $CoMoO_4$@$NiMoO_4 \cdot xH_2O$ electrode Charge/discharge curves at the first cycle and the last cycle at the current density of 1 A·g^{-1} for 3000 cycles, respectively

实验对 $CoMoO_4$、$NiMoO_4 \cdot xH_2O$ 和 $CoMoO_4$@$NiMoO_4 \cdot xH_2O$ 在频率范围 0.01 k~100 kHz，开路电压条件下测试阻抗，如图 5-15 f 所示。$CoMoO_4$、$NiMoO_4 \cdot xH_2O$ 和 $CoMoO_4$@$NiMoO_4 \cdot xH_2O$ 3 种材料电化学阻抗图比较相似，都是在高频区域为一个半圆及在低频区域为一条直线。在高频区域，曲线在实轴的焦点 R_s 包括电活性材料的内部阻抗、电解液离子阻抗以及电解液和电极材料表面接触阻抗；半圆弧直径反映了电子转移阻抗 R_{ct}。图 5-15 f 中的插图给出的是拟合后的等效电路图。Z_w 和 C_{PE} 的 Warburg 阻抗是图中的低频区域即直线部分。Warburg 代表电解液在多孔电极中扩散及质子在主体材料中的扩散。直线部分越靠近虚轴，代表越低的扩散阻抗。从图中可以看出核壳结构 $CoMoO_4$@$NiMoO_4 \cdot xH_2O$ 电极材料的电子转移阻抗和扩散阻抗，要比单一 $CoMoO_4$ 和 $NiMoO_4 \cdot xH_2O$ 的阻抗小。这主要是由于 $CoMoO_4$@$NiMoO_4 \cdot xH_2O$ 特殊的核壳结构使得该材料具有较大的比表面积，提高电解液中离子和电子在其表面进行充分的扩散，加快电化学反应速度。

还可以看出,这种核壳结构使得材料能够与电解质离子和电子充分的进行接触,从而能够降低扩散阻抗和电子传导阻抗,有利于提高材料的电化学性能。试验中研究了电流密度 5 A·g^{-1},循环 10 000 次后的曲线,如图 5-17 所示。插图为前十圈和后十圈的充放电曲线,可以看出循环 10 000 次后,充放电曲线未发生大的改变,说明材料具有较好的稳定性,其最后一次比容量为第一次比容量的 93.2%,也说明材料在 10 000 次循环后,容量衰减程度小即循环稳定性较好。图 5-18 给出了 CoMoO$_4$@NiMoO$_4$·xH$_2$O 在电流密度为 5 A·g^{-1} 时,循环 10 000 次后的 SEM 图。

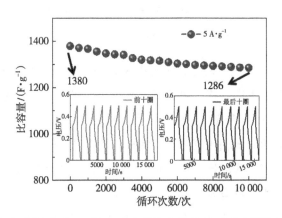

图 5-17 CoMoO$_4$@NiMoO$_4$·xH$_2$O 在电流密度为 5 A·g^{-1} 时循环 10 000 次的曲线

插图分别为前十圈和后十圈的充放电曲线

Fig. 5-17 Cycle 10 000 times of the CoMoO$_4$@NiMoO$_4$·xH$_2$O electrode at 5 A·g^{-1}. The inset is the charge-discharge curves for the first tenth and the last tenth cycles, respectively

由图 5-18 可以看出,CoMoO$_4$@NiMoO$_4$·xH$_2$O 形貌在循环 10 000 次后与最初形貌(图 5-7 b 和图 5-7 c)相比并没有明显改变。这个结果证实了其结构的稳定性,说明这种特殊的核壳结构能够抑制离子嵌入和脱出过程中对结构的破坏。

图 5-19 a 为不同电流密度下核壳结构材料的循环稳定性能测试。循环第一个 100 圈时,可以看出比容量稳定在 1050 F·g^{-1} 左右。当不断地改变电流密度再将电流密度返回到初始 15 A·g^{-1},可以看出材料的比容量仍然为 1050 F·g^{-1}。这表明该材料具有较好的倍率性能和循环稳定性。

图 5-18 CoMoO$_4$@NiMoO$_4$·xH$_2$O 在电流密度为 5 A·g^{-1}时，循环 10 000 次后的 SEM
Fig. 5-18 SEM image of the as prepared CoMoO$_4$@NiMoO$_4$·xH$_2$O after 10 000 cycles at the current density of 5 A·g^{-1}

为了研究电极材料柔韧性，实验中在相同的电路密度 3 A·g^{-1} 条件下，将电极材料弯曲成不同形式，再测试其充放电曲线，对最后的充放电曲线进行了对比如图 5-19 b 和图 5-19 c 所示。图 5-19 b 证明了弯曲后材料的充放电曲线与不弯曲时候相比衰减并不明显。图 5-19 c 给出了在循环 3000 次后，材料弯曲不同形式的比容量变化。插图给出了 3 种弯曲形式下材料充放电测试的前十圈，并没有发生明显变化。也能从图中看出，发生弯曲后电极的比容量会略有减小。对于不弯曲条件下材料在循环 3000 次后的容量保留为 99.3%。另外两种弯曲形式后容量保留为 98.9% 和 98.5%。这些结果表明核壳材料具有较好的循环稳定性。

以上的测试结果表明核壳结构材料具有高的比容量、较好的循环稳定性。这主要是由于该材料的结构优势及材料直接生长在导电集流体上。图 5-19 d 给出了电极材料在进行电化学反应过程中电极材料与电解液离子和电子相互作用示意。这种相互交联的多孔核壳结构材料具有较大的比表面积，能够为电解液离子和电子接触电极表面提供较多的表面活性位点，缩短离子扩散路径，从而加快反应的进行。此外，材料直接生长在碳布导电基底上，避免了涂抹制备电极时候的聚合物黏合剂及导电添加剂的使用，使得材料很好地生长在基底上，并且电极材料与导电基底之间具有较好的结合力。两种不同材料之间的协同效应，从而使材料具有很好的循环稳定性、高的导电性、优异的倍率性能及高的比容量等优点。

第5章 柔性 CoMoO$_4$@ NiMoO$_4$·xH$_2$O 核壳纳米复合材料的构筑及其电容性能研究

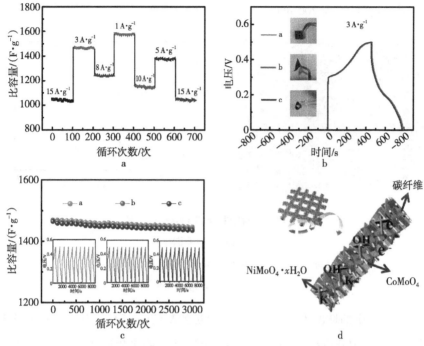

图 5-19 CoMoO$_4$@ NiMoO$_4$·xH$_2$O 稳定性的研究

a 柔性 CoMoO$_4$@ NiMoO$_4$·xH$_2$O 在不同电路密度条件下的倍率性能和循环稳定性能; b 柔性 CoMoO$_4$@ NiMoO$_4$·xH$_2$O 电极 3 种不同的弯曲形式,插图为 CoMoO$_4$@ NiMoO$_4$·xH$_2$O 电极在电流密度为 3 A·g^{-1} 条件下相应的充放电曲线; c CoMoO$_4$@ NiMoO$_4$·xH$_2$O 电极在电流密度为 3 A·g^{-1} 时,弯曲不同角度的循环稳定性,插图为电流密度 3 A·g^{-1} 时,材料在弯曲不同形式下的前十圈的充放电; d 柔性的 CoMoO$_4$@ NiMoO$_4$·xH$_2$O 电极的离子和电子转移示意

Fig. 5-19 Stability study of CoMoO$_4$@ NiMoO$_4$·xH$_2$O

a Rate performance and cycling stability of flexible CoMoO$_4$@ NiMoO$_4$·xH$_2$O under different current densities; b Flexible CoMoO$_4$@ NiMoO$_4$·xH$_2$O electrode underg bending and twisting of three different forms, The inset is the corresponding charge-discharge curves of CoMoO$_4$@ NiMoO$_4$·xH$_2$O electrode collected at 3 A·g^{-1} under different bending conditions; c Cycling performance of the CoMoO$_4$@ NiMoO$_4$·xH$_2$O electrode based ECs at a discharge current density of 3 A·g^{-1} under different bending conditions, The inset is charge-discharge curve at a current density of 3 A·g^{-1} after the first tenth of cycles; d Schematic diagram of ion and charge transfer in the flexible CoMoO$_4$@ NiMoO$_4$·xH$_2$O electrode

5.4.4 Fe$_2$O$_3$ 电极材料的电化学性能

Fe$_2$O$_3$ 纳米棒电极的 SEM 照片如图 5-20 a 所示,可以看出有大量的棒

状结构材料,长度为 200 nm。

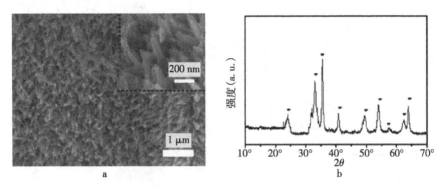

图 5-20 实验中制备的 Fe_2O_3 纳米棒

a SEM 图;b XRD 图

Fig. 5-20 the as prepared Fe_2O_3 nanorods

a SEM image; b XRD pattern

图 5-20 中的插图为 Fe_2O_3 纳米棒电极的高倍的 SEM 照片。可以看出其直径大小约为 100 nm。图 5-20 b 为 Fe_2O_3 纳米棒电极的 XRD 图,与 PDF 卡片对比,对应卡编号为 card No 33-0664。

为了探索 Fe_2O_3 纳米棒的电化学行为,实验中在三电极体系下测试氧化铁纳米棒在不同扫速条件下的循环伏安曲线,如图 5-21 a 所示。从图中可

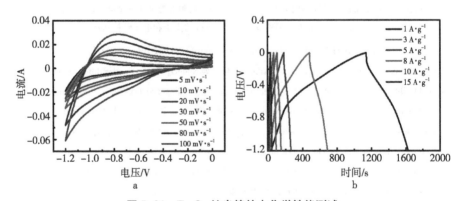

图 5-21 Fe_2O_3 纳米棒的电化学性能测试

a Fe_2O_3 纳米棒的循环伏安曲线测试;b Fe_2O_3 纳米棒电极在不同扫速条件下的充放电测试

Fig. 5-21 The electrochemical performance of Fe_2O_3 NRs

a Cyclic voltammograms of Fe_2O_3 NRs; b Charge and discharge curves of the as-prepared products at different current densities

以看出，Fe_2O_3 纳米棒表现出很好的电容特性。图 5-21 b 是在电位窗口为 0~1.2 V，不同电流密度下的充放电曲线。根据图 5-21 b 充放电曲线，可得到氧化铁在电流密度为 1 A·g^{-1}、3 A·g^{-1}、5 A·g^{-1}、8 A·g^{-1}、10 A·g^{-1} 和 15 A·g^{-1} 时的比容量分别为 516.7 F·g^{-1}、500 F·g^{-1}、458 F·g^{-1}、433 F·g^{-1}、416 F·g^{-1} 和 312.5 F·g^{-1}。整理的不同电流密度条件下比容量的数值如图 5-22 所示。

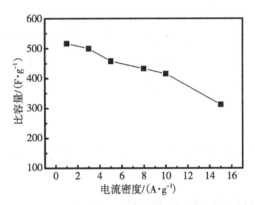

图 5-22 Fe_2O_3 纳米棒在不同电流密度条件下的比容量

Fig. 5-22 Plot of the current density against the specific capacitance of the Fe_2O_3 nanorods

一维氧化铁纳米棒状结构材料能够使得电解液快速的接触电极材料表面，加快反应进行，从而提高其比容量。直接生长在碳布基底上的氧化铁，展现出较宽的负电位电压、高的比容量，使得它更适合作负极材料。

根据以上的实验结果和讨论，可以看出正极材料 $CoMoO_4$@$NiMoO_4$·xH_2O 和负极材料 Fe_2O_3 的匹配比较适合组装非对称型器件。三氧化二铁纳米棒作负极及 $CoMoO_4$@$NiMoO_4$·xH_2O 作正极可以根据相应的补偿的电位窗口充分利用他们最大的理论容量。当正极和负极的电荷相等，即 $q^+ = q^-$。每一个电极的电荷量（q）与电极材料比容量（C_s）、电极材料放电电压（ΔV）及电极材料的质量有关，相应的方程式如下：

$$q = C_s \times \Delta V \times m \quad (5-9)$$

正极和负极材料进行匹配，电荷需要达到平衡，即 $q^+ = q^-$，分别带入正负极电极材料的比容量（C_s）、电极材料的放电段电压（ΔV）及电极材料的质量，整理方程后，计算可以得出正极（m^+）和负极（m^-）质量关系方程如式（5-10）所示：

$$\frac{m^+}{m^-} = \frac{C^- \times \Delta V^-}{C^+ \times \Delta V^+} \quad (5-10)$$

可以看出正极和负极质量关系与它们比容量和电压窗口乘积成反比。Fe_2O_3 纳米棒负极和 $CoMoO_4@NiMoO_4 \cdot xH_2O$ 核壳结构正极比容量在电流密度为 1 $A \cdot g^{-1}$ 时，对应的比容量分别为 516.7 $F \cdot g^{-1}$ 和 1582 $F \cdot g^{-1}$。根据 Fe_2O_3 纳米棒和核壳结构的 $CoMoO_4@NiMoO_4 \cdot xH_2O$ 比容量值及电压窗口，将数值带入式（5-10），计算得出非对称器件的正极和负极材料质量比为 m^+/m^- = 1/3 经计算得出正极和负极的质量分别为 2.3 $mg \cdot cm^{-2}$ 和 1.8 $mg \cdot cm^{-2}$。

5.5 两电极条件下的电化学性能和柔韧性研究

5.5.1 非对称型器件电化学性能

柔性 $CoMoO_4@NiMoO_4 \cdot xH_2O//Fe_2O_3$ 非对称器件作为能源存储器件具有优异的性能。首先对 $CoMoO_4@NiMoO_4 \cdot xH_2O$ 正极和 Fe_2O_3 负极材料组成的器件在两电极条件下进行循环伏安曲线测试。实验中，对于正负极单一材料的循环稳定性也进行了研究，如图 5-23 所示。可以看出正极材料 $CoMoO_4@NiMoO_4 \cdot xH_2O//Fe_2O_3$ 和负极材料 Fe_2O_3 在相同的电流密度条件下，测试相同循环次数后，它们的比容量数值在经过 5000 次循环后，正极和负极材料比容量的保留值分别为 96.1% 和 95.5%。说明单一电极材料也具有较好的循环稳定性。可以预测器件也具有较好的稳定性，器件具有较好稳定性与单一电极材料具有较好的稳定性相互对应。

图 5-24 a 给出了 $CoMoO_4@NiMoO_4 \cdot xH_2O//Fe_2O_3$ 非对称器件在相同扫速 5 $mV \cdot s^{-1}$ 时不同电压窗口下的循环伏安曲线。可以看出，当电位窗口为 0~1.8 V 时，循环伏安曲线与其他电位窗口条件下的循环伏安曲线相比有一定变化。如图 5-24 b 所示，实验进一步测试 $CoMoO_4@NiMoO_4 \cdot xH_2O//Fe_2O_3$ 非对称型器件在电位窗口为 1.8 V 条件下，不同扫速下的循环伏安曲

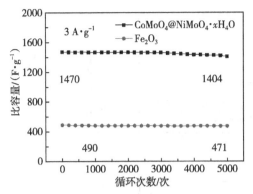

图 5-23 正极材料 $CoMoO_4@NiMoO_4 \cdot xH_2O$ 和负极材料 Fe_2O_3 在电流密度为 $5\ A \cdot g^{-1}$ 循环 5000 次的稳定性

Fig. 5-23 Cycle performance of positive electrode ($CoMoO_4@NiMoO_4 \cdot xH_2O$) and the cyclability of negative electrode (Fe_2O_3) at the current density of $5\ A \cdot g^{-1}$ for 5000 cycles

线，可以看出循环伏安曲线图有明显的极化峰出现，说明在较高的电位窗口为 1.8 V 时非对称型器件 $CoMoO_4@NiMoO_4 \cdot xH_2O // Fe_2O_3$ 的稳定性较差。因此，在后续的测试实验中将 $CoMoO_4@NiMoO_4 \cdot xH_2O // Fe_2O_3$ 非对称型器件电位窗口设置为 0~1.6 V。在此条件下，进一步研究该非对称型器件的电化学性能。

图 5-24 c 给出 $CoMoO_4@NiMoO_4 \cdot xH_2O // Fe_2O_3$ 器件在不同扫速下，电压窗口为 0~1.6 V 循环伏安曲线。在这个电位区间，所有的循环伏安曲线体现出明显的赝电容行为。这是由于正极和负极材料都是能进行法拉第反应赝电容材料。随着扫速逐渐增加，曲线峰电流也逐渐增强，说明扫速变大电化学反应也变快。循环伏安曲线面积也随着扫速的增加而增加，说明扫速增大存储电荷量也增加。

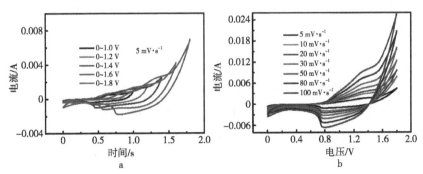

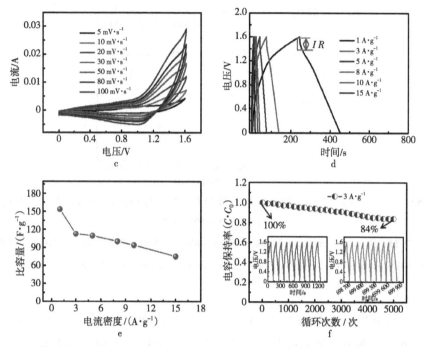

图 5-24 CoMoO$_4$@NiMoO$_4$·xH$_2$O∥Fe$_2$O$_3$ 非对称器件的性能研究

a 在扫速为 5 mV·s^{-1}时,不同电位窗口循环伏安曲线;b 电压窗口为 0~0.8V 时,不同扫描速率条件下的循环伏安曲线;c 电压在 0~1.6 V 时,不同扫描速率条件下的循环伏安测试;d 充放电测试;e 不同电流密度条件下比容量;f 电流密度为 3 A·g^{-1}时的循环稳定性,插图为该非对称器件在循环前十圈和最后十圈充放电曲线

Fig. 5-24 Study on the optimized CoMoO$_4$@NiMoO$_4$·xH$_2$O∥Fe$_2$O$_3$ ACS

a CV curves of the optimized CoMoO$_4$@NiMoO$_4$·xH$_2$O∥Fe$_2$O$_3$ ACS device collected at different voltages at a scan rate of 5 mV·s^{-1}; b CV curves at various scan rates with the potential window 0~1.8 V; c CV curves of at various scan rates with the potential window 0~1.6 V; d Charge and discharge curves of the as-prepared products at different current densities; e Specific capacitance of the as-prepared products at different current densities; f Plot of the current density against the specific capacitance of the device, Cycling performance of the device at a discharge current density of 3 A·g^{-1}, The inset is charge-discharge curves of ASC device collected at the first tenth and the last tenth cycles

图 5-24 d 为研究器件的充放电曲线。图中曲线形状近乎对称,证明器件在所测试的电位区间范围内具有较好的电化学稳定性。器件比容量 C_t,在两电极体系中根据器件活性材料总质量计算,电流密度为 1 A·g^{-1}时,其比容量为 133 F·g^{-1};当电流密度为 15 A·g^{-1}时,其比容量仍然能达

83 F·g^{-1}，如图5-24 e所示。这说明CoMoO$_4$@ NiMoO$_4$·xH$_2$O//Fe$_2$O$_3$非对称型器件在大电流密度条件下仍然具有较高的比容量及较好倍率性能。由图5-24 f可以看出，CoMoO$_4$@ NiMoO$_4$·xH$_2$O//Fe$_2$O$_3$非对称器件表现出较好的稳定性，5000次循环后容量保持率为89.3%。图5-24 f中的插图是器件循环前十圈和最后十圈的充放电曲线，形状未发生大的改变，说明材料在充放电过程中具有较好的稳定性。

循环稳定性是器件性能研究另一个重要参数。测试CoMoO$_4$@ NiMoO$_4$·xH$_2$O//Fe$_2$O$_3$非对称型器件在电流密度为3 A·g^{-1}时经过5000次循环后，容量的保持率为89.3%。

5.5.2 非对称型器件稳定性研究

图5-25为在相同电流密度3 A·g^{-1}条件下，柔性CoMoO$_4$@ NiMoO$_4$·xH$_2$O//Fe$_2$O$_3$非对称型器件在弯折不同角度（0°、180°和360°）时的稳定性测试。由图可以看出CoMoO$_4$@ NiMoO$_4$·xH$_2$O//Fe$_2$O$_3$非对称型器件经过弯曲0°、180°和360°后测试其充放电曲线，可以看出充放电曲线形状并没有明显改变，并且这些充放电曲线几乎重合，这说明柔性的CoMoO$_4$@ NiMoO$_4$·xH$_2$O//Fe$_2$O$_3$非对称型器件具有较好的稳定性。

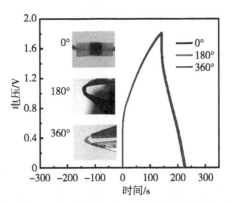

图5-25 CoMoO$_4$@NiMoO$_4$·xH$_2$O//Fe$_2$O$_3$器件在电流密度为3 A·g^{-1}时，弯曲不同角度时的稳定性测试

Fig. 5-25 Charge-discharge curves of CoMoO$_4$@ NiMoO$_4$·xH$_2$O device collected at 3 A·g^{-1} under different bending conditions

图 5-26 给出了 $CoMoO_4@NiMoO_4 \cdot xH_2O$ 器件能量对比。当电流密度为 $1 A \cdot g^{-1}$ 时，器件的功率密度为 $900 W \cdot kg^{-1}$，能量密度为 $47.1 (W \cdot h) \cdot kg^{-1}$；当电流密度为 $15 A \cdot g^{-1}$ 时，器件功率密度为 $13\ 500 W \cdot kg^{-1}$，器件能量密度仍然能达 $28.3 (W \cdot h) \cdot kg^{-1}$，性能优异于文献中报道的性能。

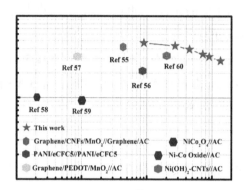

图 5-26　$CoMoO_4@NiMoO_4 \cdot xH_2O // Fe_2O_3$ 非对称型器件的能量对比
Fig. 5-26　Ragone plots of the $CoMoO_4@NiMoO_4 \cdot xH_2O // Fe_2O_3$ ACS device

该器件可以驱动 LED，如图 5-27 所示。这些优异的性能都说明该材料在未来能源存储方面具有潜在的应用价值。

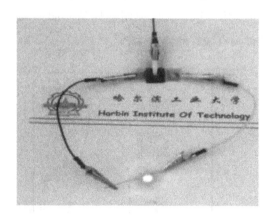

图 5-27　$CoMoO_4@NiMoO_4 \cdot xH_2O // Fe_2O_3$ 可以驱动 LED
Fig. 5-27　$CoMoO_4@NiMoO_4 \cdot xH_2O // Fe_2O_3$ can let up a LED

5.6 本章小结

本实验采用两步水热合成法制备所需电极材料。与前两章不同的是，采用的导电基底是碳纤维。制备的柔性电极材料直接生长在碳布导电基底上，$CoMoO_4$ 纳米线、$NiMoO_4 \cdot xH_2O$ 纳米片、$CoMoO_4@NiMoO_4 \cdot xH_2O$ 核壳异质结构及 Fe_2O_3 纳米棒赝电容活性材料。在承接前两部分实验基础上，探索了柔性固态微小型器件性能研究。

①研究了以柔性碳纤维作为导电基底的电极材料，材料直接生长到导电基底上，具有较好的导电性。

②这种特殊的核壳结构能够加快离子和电子在电极和电解液表面快速传输，同时能够缓和在反应过程中离子和电子嵌入和脱出对结构破坏。$CoMoO_4@NiMoO_4 \cdot xH_2O$ 结合了 $CoMoO_4$ 纳米线和 $NiMoO_4 \cdot xH_2O$ 纳米片各自优势，即利用材料之间的协同效应从而表现出优异的电化学性能。

③实验中还研究了柔性固态 $CoMoO_4@NiMoO_4 \cdot xH_2O // Fe_2O_3$ 非对称型器件，以 $CoMoO_4@NiMoO_4 \cdot xH_2O$ 作正极，在前面的性能测试中发现该材料具有高的比容量、倍率性能，以及较好的循环稳定性；Fe_2O_3 纳米棒作负极材料，具有较高的比容量，同时也具有较宽负电压窗口。将这两种材料制备成非对称器件电压窗口可以稳定达 1.6 V。并且具有较高能量密度 47.1（$W \cdot h$）$\cdot kg^{-1}$（相应功率密度为 900 $W \cdot kg^{-1}$）和功率密度 13 500 $W \cdot kg^{-1}$［相应能量密度 28.3（$W \cdot h$）$\cdot kg^{-1}$］。在电流密度为 3 $A \cdot g^{-1}$ 时，循环 50 000 次后容量保留率为 89.3%，具有较好的循环稳定性。

第6章
壳聚糖水凝胶辅助煅烧法制备电化学性能优异的 $CoMoO_4$-$NiMoO_4$ 杂化纳米片

6.1 引言

近年来，轻量化、固态和智能电子器件以其独特的特性和在电子器件中的潜在应用引起了人们极大的研究兴趣。超级电容器（SCs）被认为是很有前途的候选材料在能量储存的快速充电/放电特性与锂电池和传统电容器相比，循环寿命长（数百万比锂电池的充放电周期一般几百几千周期），具有高功率密度 [2~5 (k·W)/kg] 和环境友好的特性。然而，SCs 的能量密度不理想 [3~6 (W·h)·kg^{-1}]，限制了其实际应用。根据能量密度方程：$E=1/2C_sU^2$，可以通过提高阴极和阳极的比容量（C_s）和/或工作电位窗（U）来提高能量密度（E）。因此，制造非对称超级电容器（ASC）是提高能量密度的一种有效的替代方法。它可以充分利用两个电极不同的电压范围，在电池系统中提供一个最大的工作电压，每个组件的性能可以分别优化，从而大幅提高比容量，显著提高能量密度。ASC 可以充分利用阳极和阴极不同的电压范围，在电池系统中提供最大的电位窗（阴极和阳极的电压范围），大幅提高比容量，显著提高能量密度。作为电极材料，过渡金属钼酸盐，特别是 $CoMoO_4$ 具有高氧化还原活性（Co^{2+} 的可逆氧化还原行为），优异的容量保持率（68.2%），但较低的比容量（396 F·g^{-1}和270 F·g^{-1}）。$NiMoO_4 \cdot xH_2O$ NSs 显示高的比容量 1108 F·g^{-1}，但比容量保持率只有 37.9%。这些结果促使一些研究人员利用纳米结构制备 $CoMoO_4$ 和 $NiMoO_4$

基复合材料，这将结合 $CoMoO_4$ 优异的速率性能和 $NiMoO_4$ 高比容的优点。例如，Liu 采用化学共沉淀法合成了 $CoMoO_4$-$NiMoO_4 \cdot xH_2O$ 纳米线束。研究结果表明，在电流密度为 $2.5\ mA \cdot cm^{-2}$ 时，电容值为 $1039\ F \cdot g^{-1}$，在高电流密度为 $100\ mA \cdot cm^{-2}$ 时，电容值为 $751.20\ F \cdot g^{-1}$。Zhang 等用化学共沉淀法制备 $CoMoO_4$ 和 $NiMoO_4$ 基复合材料，当 n（Ni）：n（Co）＝1：4 获得的 $NiMoO_4$@$CoMoO_4$ 分级纳米球，并在电流密度为 $2\ A \cdot g^{-1}$ 时，电容值为 $1601.6\ F \cdot g^{-1}$。

上述报告表明，复合材料的性能优于单个构件。设计并制作一个结构性能良好的纳米结构 $CoMoO_4$ 和 $NiMoO_4$ 电极，它可能具有 $NiMoO_4$ 的高比容和 $CoMoO_4$ 的优异速率，以及精心设计的架构来提高性能。

采用壳聚糖水凝胶辅助煅烧法制备 $CoMoO_4$-$NiMoO_4$ 杂化 NSs。壳聚糖是一种生物聚合物，由最丰富的天然聚合物甲壳素与纤维素去乙酰化而得。这一独特的生物聚合物辅助方法已引起了学者的广泛关注，其能增强离子和电子传输动力学，使材料具有长期耐用性与高放电/电荷率。本书采用了壳聚糖改性的复合材料 $CoMoO_4$-$NiMoO_4$，以网状结构 NSs 为阴极，活性炭（AC）为阳极制备高性能非对称固态超级电容器。作为一种阴极材料，网络化的 $CoMoO_4$-$NiMoO_4$ 电极与单个柔性 $CoMoO_4$ 和 $NiMoO_4$ 电极相比，具有良好的电化学性能。结果表明，电容高（$1940\ F \cdot g^{-1}$），在 $1\ A \cdot g^{-1}$ 循环 5000 次后，电容保持率为 99%，具有优异的长期循环性能。$CoMoO_4$-$NiMoO_4$ 与 AC 的完美匹配是显而易见的。最大电压为 1.6 V 的固态非对称 $CoMoO_4$-$NiMoO_4$∥AC 超级电容器装置具有较高的比能［$800\ W \cdot kg^{-1}$ 时为 $55.3\ (W \cdot h) \cdot kg^{-1}$］。

6.2 电极材料的制备和组装

在合成材料之前，先用去离子水、乙醇、HNO_3 依次超声清洗泡沫 Ni（尺寸：1 cm×1 cm×0.1 cm）0.5 h。

6.2.1 壳聚糖水凝胶珠的制备

将 4 g 壳聚糖溶于 100 mL 2% 的醋酸，然后，将壳聚糖-乙酸溶液加入

200 mL、5%的 NaOH 溶液中。将制得的壳聚糖水凝胶珠放入去离子水中多次洗涤，直至 pH 值测试结果为中性。

6.2.2 壳聚糖辅助合成的 $CoMoO_4$ 纳米片和 $CoMoO_4$ 的制备

将 2 g 壳聚糖水凝胶珠粒、1.4 g $CoCl_2 \cdot 6H_2O$、1.5 g $Na_2MoO_4 \cdot 7H_2O$ 与 100 mL 去离子水在恒磁搅拌下搅拌 3 h，形成紫色混合液。然后将沉淀物取出，分别用去离子水和乙醇洗涤 3 次。再将样品在 60 ℃干燥 12 h，在 450 ℃空气中热处理 5 h，得到壳聚糖辅助合成的 $CoMoO_4$ 纳米片。制备了不含壳聚糖水凝胶珠粒的 $CoMoO_4$ 原液，其他 $CoMoO_4$ 的制备方法与 $CoMoO_4$ 壳聚辅助制备的步骤相同。

6.2.3 壳聚糖辅助合成的 $NiMoO_4$ 纳米片和 $NiMoO_4$ 的制备

将 2 g 壳聚糖水凝胶珠、1.25 g $Ni(CH_3COO)_2 \cdot 4H_2O$、0.2 g 钼酸铵四水合物、1.2 g $CO(NH_2)_2$ 和 100 mL 去离子水在恒磁搅拌 3 h 下混合，形成均匀的绿色混合液。将前驱体析出，分别用去离子水和乙醇洗涤 3 次。再将样品在 60 ℃干燥 12 h，在 450 ℃空气中热处理 5 h，得到壳聚糖辅助的 $NiMoO_4$ 纳米片。制备了不含壳聚糖水凝胶珠的 $NiMoO_4$，其他 $NiMoO_4$ 的制备方法与 $NiMoO_4$ 壳聚糖辅助的合成步骤相同。

6.2.4 壳聚糖水凝胶改性 $CoMoO_4$-$NiMoO_4$ 和 $CoMoO_4$-$NiMoO_4$ 的制备

在一个典型的合成过程中，将 2 g 壳聚糖水凝胶珠、1.4 g $CoCl_2 \cdot 6H_2O$ 和 1.5 g $Na_2MoO_4 \cdot 7H_2O$ 与 100 mL 去离子水在恒磁搅拌下混合，形成均匀的紫色混合液。将 1.25 g $Ni(CH_3COO)_2 \cdot 4H_2O$、0.2 g 钼酸铵四水合物和 1.2 g $CO(NH_2)_2$ 在恒磁搅拌 3 h 下滴入上述混合物中，取出前驱体沉淀，分别用去离子水和乙醇洗涤 3 次。再将样品在 60 ℃干燥 12 h，在 450 ℃空气中热处理 5 h，得到壳聚糖改性的 $CoMoO_4$-$NiMoO_4$。上述操作过程及物质用量不变在不添加壳聚糖水凝胶珠粒的条件下，制备 $CoMoO_4$-$NiMoO_4$。

6.2.5 $CoMoO_4$-$NiMoO_4$ 电极和交流电极的制备

以合成的 $CoMoO_4$-$NiMoO_4$ 杂化物为阴极，AC 作为 $CoMoO_4$-$NiMoO_4$ // AC 的阳极。通过混合 85% 的 $CoMoO_4$-$NiMoO_4$、10% 的炭黑和 5% 的聚偏氟乙烯（PVDF）制备了 $CoMoO_4$-$NiMoO_4$ 电极。在 $CoMoO_4$-$NiMoO_4$ 电极的基础上，滴入少量 n-甲基吡咯烷酮（NMP）形成混合物。再将混合物涂覆在清洗过的泡沫镍表面，在 80 ℃下干燥 6 h，得 $CoMoO_4$-$NiMoO_4$ 交流电极。

6.2.6 全固态非对称型器件组装

采用 $CoMoO_4$-$NiMoO_4$/Ni 泡沫电极和 AC/Ni 泡沫电极分别作为阴极和阳极制备了固态 $CoMoO_4$-$NiMoO_4$ // AC ASC。$CoMoO_4$-$NiMoO_4$/Ni 泡沫电极尺寸为 10 mm×10 mm，活性物质含量为 1.8 mg cm^{-2}。AC/Ni 泡沫电极尺寸为 10 mm×10 mm，活性物质含量为 AC 9.0 mg·cm^{-2}。然后将 6 g 聚乙烯醇（PVA）与 5.6 g KOH 在 50 mL 去离子水中混合，在 85 ℃下连续搅拌约 3 h，直至澄清，制得 PVA/KOH 凝胶电解质。将阴极、阳极和隔膜分别浸泡在凝胶电解质中 5 min，取出，面对面组装。该设备被放置在空中 24 h，得固态 ACS。然后，在机械应力作用下，将 PVA-KOH 凝胶电解质膜夹在 AC/Ni 泡沫和 $CoMoO_4$-$NiMoO_4$/Ni 泡沫电极之间组装 ASC 装置。

6.2.7 电化学测量

实验系统：直接使用 $CoMoO_4$-$NiMoO_4$/Ni 混合泡沫电极（10 mm×10 mm）为工作电极。以铂箔（2 cm×2 cm）为对电极，饱和甘汞电极（SCE）为参比电极。以 2.0 mol/L KOH 水溶液为电解质。所有电化学测量均采用电化学工作站进行测试。循环伏安（I-U）试验在扫描速率为 5~150 mV·s^{-1} 时，电位

范围为 -0.2~0.6 V（相对于 SCE）。在不同电流密度下进行充放电试验，电位范围为 0~0.5 V（相对于 SCE），循环稳定性试验可达 5000 次。在频率为 0.01~105 Hz 的情况下，对电化学阻抗谱（EIS）进行了测试。这些电化学测量是在一个三电极系统下进行的。ASC 的比容量、能量密度和功率密度都是根据负电极和正电极的总质量来计算的，不包括电流收集器的重量。$CoMoO_4$-$NiMoO_4$∥AC ASC 器件的所有电化学测试均在室温双电极条件下进行。

6.2.8 材料特征

用扫描电镜、扫描电镜（SEM）和透射电镜（TEM）观察了金相组织和形貌。采用日立 S-4800（加速度电压为 20 kV）进行了相应的扫描电镜（SEM）测试。TEM 图像采用 JEOL JEM—2010 进行记录。物理结构阶段和产品测试通过 X 射线衍射（XRD、Rigaku D/max-rB，铜 Kα 辐射，λ = 0.1542 nm，40 kV、100 mA）。

6.3 结果与讨论

制得的混合 $CoMoO_4$-$NiMoO_4$ NSs 如图 6-1 所示。其具体制备过程如下：

图 6-1 实验中样品的实物图片
a 壳聚糖；b 壳聚糖+$CoMoO_4$；c 壳聚糖+$CoMoO_4$+$NiMoO_4$；d $CoMoO_4$-$NiMoO_4$
Fig. 6-1 Images of the samples in the experments
a chitosan hydrogel；b chitosan hydrogel+$CoMoO_4$；c chitosan hydrogel+$CoMoO_4$+$NiMoO_4$；d $CoMoO_4$-$NiMoO_4$

第6章 壳聚糖水凝胶辅助煅烧法制备电化学性能优异的 $CoMoO_4$-$NiMoO_4$ 杂化纳米片

首先,以所得到的壳聚糖水凝胶珠为模板,通过磁性搅拌的方式与 $CoMoO_4$ 原料一起混合;然后,加入原料混合物 $NiMoO_4$,搅拌均匀;最后,对壳聚糖水凝胶珠进行热处理,得 $CoMoO_4$-$NiMoO_4$ NSs。

$CoMoO_4$-$NiMoO_4$ NSs 的形貌如图 6-2 所示,可以清楚地看到大量结构均匀的纳米片。图 6-2a 为制备好的 $CoMoO_4$-$NiMoO_4$ NSs 低放大率 SEM 图像;图 6-2b 为制备产物的中倍放大 SEM 图像。可以看出,一些 NSs 相互连接形成网状多孔结构。图 6-2c 为厚度约为 20 nm 的 $CoMoO_4$-$NiMoO_4$ NSs 的高倍 SEM 图像。利用图 6-2c 的孔段进行 SEM 映射测试,结果证实了 Mo、Co、Ni、O 元素的存在(图 6-2d)。在没有壳聚糖辅助方法的情况下得到的 $CoMoO_4$

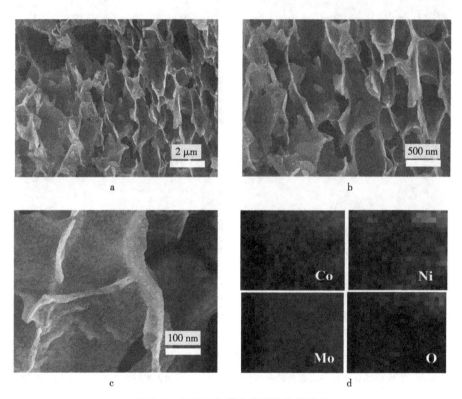

图 6-2 材料的扫描电镜照片和能谱图

a~c $CoMoO_4$-$NiMoO_4$ NSs 在不同倍数条件下的扫描电镜照片;d Co、Ni、Mo 和 O 等元素的能谱图

Fig. 6-2 SEM images and mapping tests of the materials

a~c SEM images of the hybrid $CoMoO_4$-$NiMoO_4$ NSs at different magnifications; d SEM mapping test images of Co, Ni, Mo and O elements

的 SEM 图像显示了团聚块结构（图 6-3a）。壳聚糖水凝胶辅助煅烧法合成后，$CoMoO_4$ 的这些团聚块结构消失形成纳米片形貌（图 6-3b）。在没有壳聚糖辅助方法的情况下，进一步对 $NiMoO_4$ 产物进行实验，可以发现一些块体（图 6-3c）。然而，壳聚糖水凝胶辅助煅烧法后形成了一些 $NiMoO_4$ NSs，表明结果与 $CoMoO_4$ 相同（图 6-3d）。在没有壳聚糖水凝胶的 $CoMoO_4$-$NiMoO_4$ NSs 的 SEM 图中，仍然可以发现一些块体存在，这些结果表明壳聚

图 6-3 实验样品的扫描电镜照片

a 不加壳聚糖的 $CoMoO_4$；b 加入壳聚糖改性的 $CoMoO_4$；c 不加壳聚糖的 $NiMoO_4$；d 加入壳聚糖的 $NiMoO_4$

Fig. 6-3 SEM images of the as-prepared samples

a $CoMoO_4$ without chitosan hydrogel assisted cacinations; b $CoMoO_4$ with chitosan hydrogel assisted cacinations method; c $NiMoO_4$ without chitosan hydrogel assisted cacinations; d $NiMoO_4$ with chitosan hydrogel assisted cacination

糖对构建 CoMoO₄-NiMoO₄ 杂化结构材料具有重要作用。壳聚糖作为模板，钼酸盐与聚合物网络紧密结合。这些纳米片相互连接，形成网状多孔结构。相互连接的多孔纳米结构有利于离子和电子的快速传输，有利于电解质的渗透。

图 6-4a 为 CoMoO₄-NiMoO₄ NSs 透射电镜图。再将图 6-5a 的圆圈部分进行能谱分析，可以检测到 Mo、Co、Ni、O 元素，与 SEM 测图 6-2d 的结果一致。采用 XRD 对混合产物 CoMoO₄-NiMoO₄ NSs、CoMoO₄ NSs 和 NiMoO₄ NSs 的晶相和结晶度进行了表征（图 6-5b）。结果表明，NiMoO₄ 和 CoMoO₄ 符合单斜 CoMoO₄ 的标准模式和单斜 NiMoO₄ 标准模式。并发现 $CoMoO_6·0.9H_2O$ 的杂质相导致了几个微弱峰的衍射产生。杂化产物 CoMoO₄-NiMoO₄ NSs 的 XRD 图谱包含了 CoMoO₄ 和 NiMoO₄ 的衍射峰，表明两种相都存在。

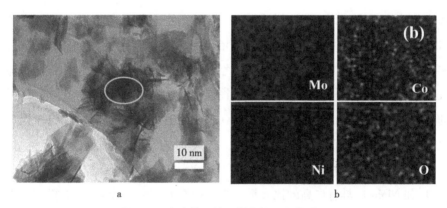

图 6-4 实验样品的透射电镜图和能谱图

a CoMoO₄-NiMoO₄ 透射电镜图；b Co、Ni、Mo 和 O 元素能谱图

Fig. 6-4 TEM images and mapping tests of the as-prepared samples in the experments

a TEM image of the hybrid CoMoO₄-NiMoO₄ NSs；b TEM mapping images of Co, Ni, Mo and O elements

为了进一步了解 CoMoO₄-NiMoO₄ 纳米复合材料的应用前景，我们首先在以 2 mol/L KOH 为电解液的三电极体系中测试了其电化学性能。图 6-6a 为相同扫描速率下原始 CoMoO₄ NSs、NiMoO₄ NSs 和混合 CoMoO₄-NiMoO₄ NSs 的循环伏安（I-U）曲线。在 I-U 曲线上可以清晰地看到氧化还原峰，表明这些电极具有良好的电容特性。正如所料，CoMoO₄-NiMoO₄ 杂化电极的

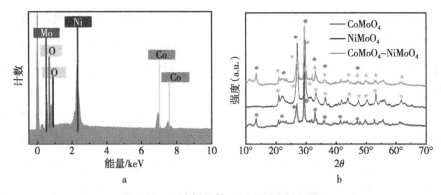

图 6-5 实验样品的 EDS 图和 XRD 图

a CoMoO₄-NiMoO₄ 的能谱图；b CoMoO₄，NiMoO₄ 和 CoMoO₄-NiMoO₄ 的 XRD 图

Fig. 6-5　EDS image and XRD image of the samples

a EDS spectrum of the hybrid CoMoO₄-NiMoO₄ NSs; b XRD patterns of CoMoO₄ NSs, NiMoO₄ NSs and the hybrid CoMoO₄-NiMoO₄ NSs

峰值电流和曲线面积明显增大，进一步说明该杂化电极比 CoMoO$_4$ 和 NiMoO$_4$ 单组分电极具有更高的电化学活性和比容量。而对于纯泡沫镍电极，响应电流相对较弱，与氧化物电极相比可忽略不计。为了检验泡沫镍的基体效应，给出了 PET-Ag 的 C-U 曲线。图 6-6b 为相同电流密度为 1 A·g^{-1} 时的泡沫镍、CoMoO$_4$、NiMoO$_4$ 和 CoMoO$_4$-NiMoO$_4$ 的充放电曲线。泡沫镍放电时间小于 10 s，CoMoO$_4$ 和 NiMoO$_4$ 的放电时间分别为 220 s 和 335 s。但是，CoMoO$_4$-NiMoO$_4$ 的放电时间超过了 600 s，说明 CoMoO$_4$-NiMoO$_4$ 比 CoMoO$_4$ 和 NiMoO$_4$ 具有更高的比容量。泡沫镍对 CoMoO$_4$-NiMoO$_4$ 电极的总电容贡献很小。图 6-6c 和图 6-6d 分别给出了不同扫描速率下的 C-U 曲线和不同电流密度下的充放电曲线。C-U 曲线显示出明显的伪电容性能，且具有相似的形状，在扫描速率为 5~150 mV·s^{-1} 时，这些曲线保持了原始形状，表明电极具有理想的快速离子和电子输运。氧化还原峰电流随着扫描速率的增加而增大，且随着扫描速率的增加而变宽，说明在电活性材料/电解质界面发生了快速的氧化还原反应。CoMoO$_4$-NiMoO$_4$ 杂化电极的充放电曲线在电流密度为 1~20 A·g^{-1} 时几乎是对称的，表明其具有良好的电化学可逆性和较高的库仑效率。混合 CoMoO$_4$-NiMoO$_4$ 电极的比容量放电曲线的计算方程（$C_s = I\Delta t / m\Delta U$）比容量分别是 1940 F·g^{-1}、1890 F·g^{-1}、1750 F·g^{-1}、

第6章 壳聚糖水凝胶辅助煅烧法制备电化学性能优异的 $CoMoO_4$-$NiMoO_4$ 杂化纳米片

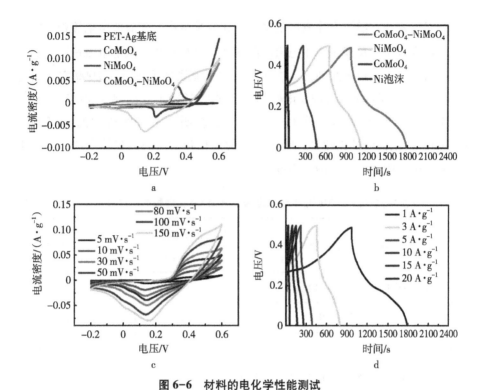

图 6-6 材料的电化学性能测试

a $CoMoO_4$ NSs、$NiMoO_4$ NSs and the hybrid $CoMoO_4$-$NiMoO_4$ NSs 在扫速为 5 mV·s^{-1} 的循环伏安曲线；b Charge-discharge curves of the hybrid $CoMoO_4$-$NiMoO_4$ NSs, $CoMoO_4$ NSs, $NiMoO_4$ 在电流密度为 1 A·g^{-1} 时的充放电曲线；c C-U curves of $CoMoO_4$-$NiMoO_4$ 在扫速为 5 mV·s^{-1} 和 150 mV·s^{-1} 时的循环伏安曲线；d $CoMoO_4$-$NiMoO_4$ NS 在不同电流密度 1~20 A·g^{-1} 的充放电

Fig. 6-6 Electrochemical performance the as-prepared

a C-U curves of $CoMoO_4$ NSs, $NiMoO_4$ NSs and the hybrid $CoMoO_4$-$NiMoO_4$ NSs with the scan rate of 5 mV·s^{-1}; b Charge-discharge curves of the hybrid $CoMoO_4$-$NiMoO_4$ NSs, $CoMoO_4$ NSs, $NiMoO_4$ NSs at a current density of 1 A·g^{-1}; c C-U curves of $CoMoO_4$-$NiMoO_4$ at the scan rate between 5 mV·s^{-1} and 150 mV·s^{-1}; d Charge-discharge curves of the hybrid $CoMoO_4$-$NiMoO_4$ NSs at different current densities ranged from 1 A·g^{-1} to 20 A·g^{-1}

1600 F·g^{-1}、1440 F·g^{-1} 和 1280 F·g^{-1} 的电流密度为 1 A·g^{-1}、3 A·g^{-1}、5 A·g^{-1}、10 A·g^{-1}、15 A·g^{-1} 和 20 A·g^{-1}。在电流密度为 1 A·g^{-1} 时，电容为 1940 F·g^{-1}（高电容），而在电流密度为 20 A·g^{-1} 时，电容保持在 1280 F·g^{-1}，电容保持率为 65.98%。将我们的工作与之前的工作进行了比较，如表 6-1 所示。图 6-7a 为三电极在不同电流密度下放电曲线的比电

容。对比发现:随着电流密度的增大,比容量减小。随着放电电流密度的增加,电容减小,可能是由于电极电阻和活性材料在较高放电电流密度下的法拉第氧化还原反应不足所致。在 1 A·g^{-1} 电流密度下进行了 5000 次充放电循环试验。CoMoO$_4$-NiMoO$_4$ 电极的比容量从 1940 F·g^{-1} 降至 1920 F·g^{-1},比量容保持率为 99%(图 6-7b)。结果表明,壳聚糖辅助的 CoMoO$_4$-NiMoO$_4$ 杂化物能够构建具有随机打开的大孔和微孔的网状纳米片,有利于在充放电过程中快速扩散到内部。

表 6-1 文献中报道的 CoMoO$_4$ 氧化物电极或其他 Co 化合物的比容量与本书实验值对比

电极材料电流密度	电流密度/(A·g^{-1})	电容/(F·g^{-1})	数据来源
CoMoO$_4$-NiMoO$_4$·xH$_2$O 捆绑包	1	1039	[202]
NiMoO$_4$@CoMoO$_4$ 分级纳米球	6	812	[204]
纳米管	1	751	[206]
聚苯胺包覆一维 CoMoO$_4$·0.75 H$_2$O 纳米棒	1	380	[208]
分级三维 CoMoO$_4$ 纳米薄片	1	352	[209]
基于纳米级片的 NiMoO$_4$ 纳米管	1	864	[210]
NiMoO$_4$·xH$_2$O 纳米棒	1	1131	[211]
Co$_9$S$_8$/石墨烯	1	1140	[213]
CoMoO$_4$-NiMoO$_4$	1	1940	本书实验值
CoMoO$_4$-NiMoO$_4$	3	1890	本书实验值
CoMoO$_4$-NiMoO$_4$	5	1750	本书实验值
CoMoO$_4$-NiMoO$_4$	10	1600	本书实验值
CoMoO$_4$-NiMoO$_4$	15	1440	本书实验值
CoMoO$_4$-NiMoO$_4$	20	1280	本书实验值

第 6 章　壳聚糖水凝胶辅助煅烧法制备电化学性能优异的 $CoMoO_4$-$NiMoO_4$ 杂化纳米片

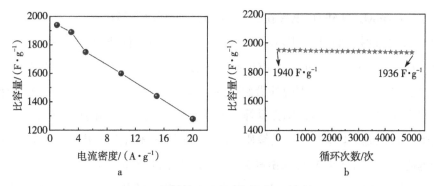

图 6-7　材料的比容量和循环稳定性测试

a $CoMoO_4$-$NiMoO_4$ 在不同电流密度条件下的比容量；b $CoMoO_4$-$NiMoO_4$ NSs 在电流密度 1 A·g^{-1} 循环 5000 次时比容量变化

Fig. 6-7　Specific capacitance and cycle tests images of the in aterials

a Plot of the current density against the specific capacitance of the hybrid $CoMoO_4$-$NiMoO_4$ NSs; b Cycling performance for 5000 times of the hybrid $CoMoO_4$-$NiMoO_4$ NSs at a discharge current density of 1 A·g^{-1}

图 6-8a 为 $CoMoO_4$-$NiMoO_4$ NSs 在不同电流密度下的循环性能测试。在电流密度为 5 A·g^{-1} 的前 100 次循环中，比容量是稳定的。连续改变电流密度（每个电流密度不循环次数为 100 次），比容量恢复到 5 A·g^{-1} 后仍保持

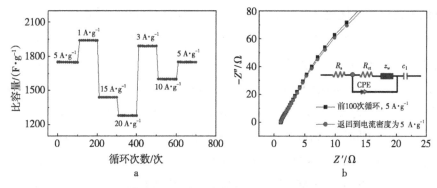

图 6-8　材料在不同电流密度条件下的循环测试和阻抗

a $CoMoO_4$-$NiMoO_4$ NSs 在不同电流密度条件下的循环测试；b $CoMoO_4$-$NiMoO_4$ 在电流密度 5 A·g^{-1} 时多次循环后再返回到相同电流密度时的阻抗对比

Fig. 6-8　Cycle tests under different current densities and the Nyquist plots of the materials

a Rate and cycle performance of the hybrid $CoMoO_4$-$NiMoO_4$ NSs under different current densities; b Nyquist plots of the first 100th cycles at 5 A·g^{-1} and returning to 5 A·g^{-1} of the hybrid $CoMoO_4$-$NiMoO_4$ NSs electrode

稳定。$CoMoO_4$-$NiMoO_4$ 电极在 5 A·g^{-1} 的前 100 次循环和返回 5 A·g^{-1} 的后 100 次循环的抗阴对比如图 6-8b 所示。在低频区，曲线斜率为 Warburg 阻抗（R_w），表示电极中的电解质扩散和宿主材料中的质子扩散。在 5 A·g^{-1} 经过前 100 次循环后，理想的沿假想轴的直线扩散阻力较慢，这可以归因于一些活性物质用。高频范围提供等效串联电阻（R_s），包括电活性材料的固有电阻、电解质的本体电阻和电解质与电极界面的接触电阻。由电子扩散引起的电荷转移电阻（R_{ct}）可以由高频范围内半圆的直径来计算。回到 5 A·g^{-1} 后 R_s 的电极显示略有增加，这可能是由于附着力损失一些活性物质沉积在镍泡沫底物和纳米结构的腐蚀镍泡沫造成的溶解氧电解质在充放电循环。

结果表明：首先，这些纳米片相互连接形成网状结构，有利于电解质在电极表面扩散；其次，纳米结构缩短了离子和电子的扩散路径，加速了电化学反应；再次，$CoMoO_4$ 和 $NiMoO_4$ 都是很好的伪电容材料，具有很高的氧化还原活性和可逆电荷存储。$CoMoO_4$ 具有良好的循环能力、良好的速率能力和较高的导电性，结合 $NiMoO_4$ 的高比容量材料可以显著改善电化学性能。

为了进一步研究非对称超级电容器的电化学性能，组装了一种非对称超级电容器装置（ACSs）。在组装前，对 $CoMoO_4$-$NiMoO_4$ 阴极与交流阳极之间的电荷进行了优化。通过电位窗和比容量计算两电极的质量比。根据电位窗和比容量计算 $CoMoO_4$-$NiMoO_4$ 阴极与交流阳极之间的电荷和最佳质量比为 1∶5。图 6-9 为扫描速率为 20 mV·s^{-1} 时 $CoMoO_4$-$NiMoO_4$∥AC 的 C-U 曲线。AC 电极、$CoMoO_4$-$NiMoO_4$ 电极的电位窗分别为-1~0 V 和-0.2~0.6 V。图 6-9b 进一步显示了不同势窗下 $CoMoO_4$-$NiMoO_4$∥AC 的 C-U 曲线。这些 C-U 曲线在不同的势窗处呈现出近似矩形的曲线。$CoMoO_4$-$NiMoO_4$∥AC 可以使用 AC 和 $CoMoO_4$-$NiMoO_4$ 电极的电位差为 1.6 V。图 6-9c 为不同扫描速率下 $CoMoO_4$-$NiMoO_4$∥AC 的 C-U 曲线。当扫描速率增加时，这些 C-U 曲线保持不变，表明非对称超级电容器件充放电速度快。在不同电流密度下进行充放电试验，如图 6-10a 所示。放电曲线与充电曲线基本对称，表明交流电容性能良好。在电流密度为 1 A·g^{-1}、2 A·g^{-1}、3 A·g^{-1}、5 A·g^{-1}、8 A·g^{-1} 和 10 A·g^{-1} 时，放电曲线计算的比容量分别为 150 F·g^{-1}、125 F·g^{-1}、113 F·g^{-1}、109 F·g^{-1}、100 F·g^{-1} 和 87.5 F·g^{-1}（图 6-10b）。图 6-10c

第6章 壳聚糖水凝胶辅助煅烧法制备电化学性能优异的 CoMoO₄-NiMoO₄ 杂化纳米片

为 CoMoO₄-NiMoO₄∥AC 的能量密度和功率密度，CoMoO₄-NiMoO₄∥AC ACS 计算根据方程（$E = 1/2CU^2$ 和 $P = E/\Delta t$）。在工作电压为 1.6 V，功率密度为 800 W·kg^{-1} 的电流密度为 1 A·g^{-1} 时，得到最高能量密度为 53.3（W·h）·kg^{-1}。ACS 在电流密度为 10 A·g^{-1} 时，最大功率密度为 8000 W·kg^{-1}，能量密度为 31.1（W·h）·kg^{-1}，工作电势为 1.6 V。如图 6-10c 为本书所用器件与文献器件的能量密度与功率密度对比。

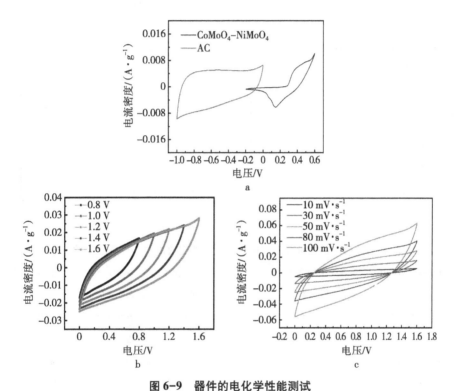

图 6-9 器件的电化学性能测试

a CoMoO₄-NiMoO₄ 和 AC 在三电极体系，2 mol/L 的 KOH 电解液中扫速为 5 mV·s^{-1} 时的循环伏安；b CoMoO₄-NiMoO₄∥AC ACS 在不同电压窗口，扫速为 50 mV·s^{-1} 时的循环伏安曲线图；c CoMoO₄-NiMoO₄∥AC 器件在不同扫速条件下的循环伏安图

Fig. 6-9 Electrochemical performance of the device

a C-U curves of the hybrid CoMoO₄-NiMoO₄ NSs electrode and AC electrodes performed in a three-electrode cell in a 2 mol·L^{-1} KOH electrolyte at a scan rate of 5 mV·s^{-1}; b C-U curves of the optimized CoMoO₄-NiMoO₄∥AC ACS device collected at different potential windows at a scan rate of 50 mV·s^{-1}; c C-U curves of the optimized CoMoO₄-NiMoO₄∥AC ACS device collected at various scan rates

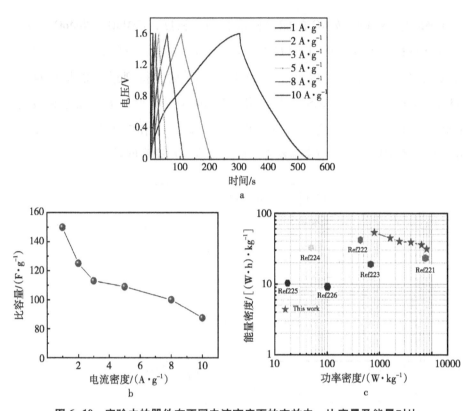

图 6-10 实验中的器件在不同电流密度下的充放电、比容量及能量对比

a $CoMoO_4$-$NiMoO_4$ // AC 器件在不同电流密度条件下的充放电曲线；b $CoMoO_4$-$NiMoO_4$ // AC 器件在不同电流密度条件下的比容量；c 器件的能量密度和功率密度

Fig. 6-10 Charge and discharge test of this experiment, specific capacitance and the ragone plots compared with other materials

a Charge-discharge curves of $CoMoO_4$-$NiMoO_4$ // AC ACS device collected at various current densities; b Plot of the current density against the specific capacitance of $CoMoO_4$-$NiMoO_4$ // AC ACS device; c The Ragone plots relating power density to energy density of the asymmetric supercapacitor device

6.4 结论

综上所述，采用壳聚糖水凝胶辅助煅烧法制备了介孔形貌的 $CoMoO_4$-$NiMoO_4$ 纳米复合材料。由于 $CoMoO_4$ 和 $NiMoO_4$ 之间的协同作用，这种独特的结构为电解质离子的快速扩散、电子的快速转移和高电化学活性提供了众多通道。组装的 $CoMoO_4$-$NiMoO_4$ 杂化材料在电流密度为 1 $A·g^{-1}$ 的情况下，由于其比容量 1940 $F·g^{-1}$ 高，可以成为非常好的超级电容电极。即使在电流密度高达 20 $A·g^{-1}$ 的情况下，$CoMoO_4$-$NiMoO_4$ 电极的比容量仍然高达 1280 $F·g^{-1}$，表明其优越的速率能力为 65.98%，循环稳定性极佳，5000 次循环后电容保持率为 99%。以制备的 $CoMoO_4$-$NiMoO_4$ 为阳极，活性炭为阴极制备了固态非对称超级电容器。通过对电压范围从 0~1.6 V 的势窗进行改进，实现了高功率密度和能量密度的非对称超级电容器 ［功率密度为 800 $W·kg^{-1}$ 时能量密度 53.33 $(W·h)·kg^{-1}$］。这些结果表明，$CoMoO_4$-$NiMoO_4$ 电极在高性能、环保、低成本的储能装置中具有潜在的应用前景。

第7章
结　论

本书采用水热法制备电极材料，通过合理的结构设计，制备出核壳结构纳米复合材料。该方法制备电极材料简单、无污染、可行性强。制备的电极材料直接生长到导电基底上，与基底之间具有较好的结合力。通过循环伏安、恒流充放电、交流阻抗和循环寿命等测试来探究所制备电极的电化学性能。实验中还进一步的探索所制备的电极材料作为正极材料与负极材料组装的对称和非对称型器件的性能。

①采用水热法制备了 $CoMoO_4@MnO_2$、$Co_3O_4@CoMoO_4$、$CoMoO_4@NiMoO_4$ 等核壳复合结构电极材料，并通过相应的 SEM、TEM、XRD 表征方法，证明制备的这些材料为核壳结构材料。

②研究了 $CoMoO_4@MnO_2$ 作正极材料、活性炭作负极的非对称型器件的性能。实验中，还制备了 $CoMoO_4//AC$ 非对称型器件、$MnO_2//AC$ 非对称型器件和 $AC//AC$ 等对称型器件。在液态的 $2\ mol·L^{-1}$ KOH 溶液中进行电化学性能的测试。对这 4 种器件性能测试结果表明，$CoMoO_4@MnO_2//AC$ 非对称型器件具有较高的能量密度和功率密度。该非对称器件在功率密度为 $800\ W·kg^{-1}$ 时能量密度为 $54\ (W·h)·kg^{-1}$，可以与锂离子电池的能量密度相比。当功率密度为 $8000\ W·kg^{-1}$ 时，器件的能量密度仍然能达到 $35.5\ (W·h)·kg^{-1}$。并且，测试结果也表明该非对称型器件具有较好的循环稳定性，10 000 次循环后容量保留为 84%。

③$Co_3O_4@CoMoO_4$ 核壳结构材料。这种独特的结构具有相对大的比表面积，提高电解液在材料表面的扩散和多个通道来提高离子和电子的转移，从而提高材料的电荷存储能力。电流密度为 $1\ A·g^{-1}$ 时，材料比容量高达 $1902\ F·g^{-1}$。以碳纳米管为负极材料 $Co_3O_4@CoMoO_4$ 核壳结构材料为负极

材料，研究了固态电解质的 Co_3O_4@ $CoMoO_4$ // CNT 非对称器件和 Co_3O_4@ $CoMoO_4$ // Co_3O_4@ $CoMoO_4$ 对称型器件。其中，非对称型器件的电压窗口可以达 1.6 V，能量密度为 50.1（W·h）·kg^{-1}高及较好的循环稳定性。Co_3O_4@ $CoMoO_4$ 电极材料在 5 A·g^{-1}电流密度下，5000 次循环容量保持率高达 98.5%。

④研究了以柔性的碳纤维作为导电基底的电极材料，实现了柔性电极的制备。材料直接生长到导电基底上，具有较好的导电性。研究了柔性固态的非对称型器件，即 $CoMoO_4$@ $NiMoO_4$·xH_2O // Fe_2O_3。以 $CoMoO_4$@ $NiMoO_4$·xH_2O 作为正极材料，在前面的性能测试中发现该材料具有高的比容量、倍率性能，以及较好的循环稳定性。

⑤Fe_2O_3 纳米棒作为负极材料，具有较高的比容量的同时，在负电位具有较宽的电压窗口。将这两种材料制备成的非对称器件的电压窗口可以稳定在 1.6 V。并且具有较高的能量密度 47.1（W·h）·kg^{-1}（相应的功率密度为 900 W·kg^{-1}）和功率密度 13 500 W·kg^{-1} [相应的能量密度为 28.3（W·h）·kg^{-1}]。在电流密度为 3 A·g^{-1}时，循环 50 000 次后，电容量保持率为 89.3%，具有较好的循环稳定性。制备的柔性固态 $CoMoO_4$@ $NiMoO_4$·xH_2O // Fe_2O_3 非对称型器件具有较好的柔韧性和稳定性，并且可以在电压窗口为 1.6 V 时可以驱动红色的 LED。

⑥$CoMoO_4$ 电极材料具有较好的导电性和较高的比容量，研究报道较少，该材料的其他电化学性质有待进一步研究。

⑦$CoMoO_4$ 与其他材料结合制备得到的核壳结构材料，根据材料之间的协同效应进一步使性能得到了提升。该材料也有望与其他材料结合来充分发挥其优异的电化学性能，有待进一步的研究。

⑧选择 Fe_2O_3 作负极材料。该材料具有电位范围宽、理论比容量都高于碳材料，能够提高所组装器件的能量密度。但以该材料与其他材料匹配设计器件的研究报道较少。因此，该材料与其他材料来制作储能器件的研究有待进一步完善。

附　录

图 1-1　超级电容器国内外研究现状 …………………………………… 3
图 1-2　超级电容器的结构 ……………………………………………… 6
图 1-3　$CoMoO_4 \cdot 9H_2O$ 纳米棒的 SEM 照片 ………………………… 10
图 1-4　$CoMoO_4 \cdot 9H_2O$ 纳米棒 ……………………………………… 11
图 1-5　水热法制备 $CoMoO_4$ 纳米片阵列 ……………………………… 12
图 1-6　$CoMoO_4$ 纳米片阵列在一定条件下测试的电化学性能 ……… 13
图 1-7　$CoMnO_4/MnMoO_4$ 纳米线的结构和相应的生长过程 ……… 14
图 1-8　$MnMoO_4$、$CoMoO_4$、$MnMoO_4/CoMoO_4$ 电极材料的充放电曲线
　　　　…………………………………………………………………… 15
图 2-1　循环伏安法原理示意 …………………………………………… 26
图 3-1　实验制得的电极材料实物图 …………………………………… 32
图 3-2　$CoMoO_4$ 样品在相同的反应温度 180 ℃、不同反应时间的
　　　　SEM 图 ………………………………………………………… 33
图 3-3　$CoMoO_4@MnO_2$ 花状结构的生长过程示意 ………………… 34
图 3-4　$CoMoO_4$ 花状结构材料的实物和 SEM 图 …………………… 35
图 3-5　$CoMoO_4$ 花状结构的 TEM 图 ………………………………… 36
图 3-6　直接生长在泡沫镍导电基底上的 MnO_2 纳米片的 SEM 和
　　　　TEM 图 ………………………………………………………… 37
图 3-7　$CoMoO_4@MnO_2$ 花状结构的 SEM 和 TEM 图 ……………… 38
图 3-8　$CoMoO_4@MnO_2$ 花状材料的结构 TEM 图 ………………… 39
图 3-9　Co、Mn、Mo 和 O 元素的 EDS 能谱 ………………………… 40
图 3-10　XRD 对制备材料 $CoMoO_4$ 花状结构、MnO_2 片状结构和核壳
　　　　结构的 $CoMoO_4@MnO_2$ 材料进行物相结构分析 ………… 40

图 3-11　氮气吸脱附等温曲线和孔径分布曲线 …………………… 41

图 3-12　$CoMoO_4$ 电极材料在不同反应时间 0.5 h、2 h、4 h、8 h、12 h、16 h，扫描速度为 40 mV·s^{-1} 时的循环伏安曲线 ……… 42

图 3-13　$CoMoO_4$ 纳米花电极材料电化学性能测试 ……………… 43

图 3-14　MnO_2 纳米片电极的电化学性能测试 …………………… 45

图 3-15　所制备材料 $CoMoO_4$、MnO_2 和 $CoMoO_4$@MnO_2 循环伏安和阻抗的测试 …………………………………………… 46

图 3-16　核壳结构的 $CoMoO_4$@MnO_2 纳米花状材料的电化学性能测试 …………………………………………………… 48

图 3-17　$CoMoO_4$@MnO_2 电极的稳定性研究 …………………… 49

图 3-18　正极材料 $CoMoO_4$@MnO_2、$CoMoO_4$、MnO_2 和负极活性炭电极材料在相同扫描速度 5 mV·s^{-1} 和 2 mol·L^{-1} KOH 电解液条件下的循环伏安曲线 …………………………… 52

图 3-19　$CoMoO_4$∥AC 非对称器件的电化学性能测试 …………… 53

图 3-20　MnO_2∥AC 非对称型器件的电化学性能测试 …………… 55

图 3-21　AC∥AC 对称型器件的电化学性能测试 ………………… 56

图 3-22　$CoMoO_4$@MnO_2∥AC 器件的电化学性能测试 ………… 57

图 3-23　在电流密度为 3 A·g^{-1} 时，非对称型器件 $CoMoO_4$@MnO_2∥AC 循环 10 000 次的稳定性测试 …………………………… 60

图 4-1　制备材料图 …………………………………………………… 66

图 4-2　Co_3O_4@$CoMoO_4$ 核壳结构纳米复合材料的生长过程示意 … 67

图 4-3　生长在镍网上的 Co_3O_4 纳米锥的 SEM 图 ………………… 67

图 4-4　Co_3O_4 纳米锥 TEM 表征测试 ……………………………… 68

图 4-5　生长在泡沫镍导电基底上的 $CoMoO_4$ 纳米片材料的 SEM 测试 ……………………………………………………………… 68

图 4-6　$CoMoO_4$ 纳米片的 TEM 表征测试 ………………………… 69

图 4-7　生长在泡沫镍导电基底上的核壳结构 Co_3O_4@$CoMoO_4$ 纳米复合材料的 SEM ………………………………………… 70

图 4-8　Co_3O_4@$CoMoO_4$ 核壳结构材料的能谱和元素分析测试 …… 71

图 4-9　Co_3O_4@$CoMoO_4$ 核壳结构的 TEM 测试 ………………… 71

图 4-10　Co_3O_4@$CoMoO_4$ 核壳结构 TEM 测试 ·················· 72

图 4-11　Co_3O_4 纳米锥、$CoMoO_4$ 纳米片、Co_3O_4@$CoMoO_4$ 纳米松树林 3 种材料的 XRD ·················· 73

图 4-12　实验合成材料的氮气吸脱附曲线和孔径分布曲线·········· 74

图 4-13　Co_3O_4 纳米锥电极材料的电化学性能测试 ·············· 75

图 4-14　$CoMoO_4$ 纳米片电极材料的电化学性能测试 ············ 76

图 4-15　Co_3O_4@$CoMoO_4$ 核壳结构的电化学性能测试·········· 78

图 4-16　核壳结构的 Co_3O_4@$CoMoO_4$ 电极材料的电化学性能 ··· 80

图 4-17　Co_3O_4@$CoMoO_4$ 的化学性能研究····················· 80

图 4-18　Co_3O_4@$CoMoO_4$ 电极材料扭转角度研究其柔韧性········ 82

图 4-19　碳纳米管负极材料在不同电流密度 0.5~8 A·g^{-1} 范围内的充放电曲线 ·················· 83

图 4-20　碳纳米管在不同电流密度条件下的比容量·················· 84

图 4-21　Co_3O_4@$CoMoO_4$ 纳米松树林和碳纳米管电极材料在扫速为 5 mV·s^{-1} 条件下 2 mol·L^{-1} KOH 电解液中三电极测试体系下的循环伏安曲线测试··················· 84

图 4-22　Co_3O_4@$CoMoO_4$//Co_3O_4@$CoMoO_4$ 对称型器件的性能测试 ·················· 86

图 4-23　Co_3O_4@$CoMoO_4$//CNT 非对称器件化学性能测试·········· 88

图 4-24　Co_3O_4@$CoMoO_4$ 在 2 mol·L^{-1} KOH 溶液中,扫速为 5 mV·s^{-1} 条件下,不同电压窗口下的循环伏安曲线测试·········· 89

图 5-1　电极材料的实物图 ·················· 96

图 5-2　柔性的 $CoMoO_4$@$NiMoO_4$·xH_2O 核壳结构制备过程示意 ·················· 97

图 5-3　碳布和合成材料的形貌和微观结构 ·················· 97

图 5-4　$CoMoO_4$ 纳米线 TEM 图 ·················· 98

图 5-5　生长在碳布上的 $NiMoO_4$·xH_2O 纳米片的 SEM ·········· 99

图 5-6　$NiMoO_4$ 纳米片的 TEM ·················· 99

图 5-7　不同倍数条件下测试 $CoMoO_4$@$NiMoO_4$·xH_2O 的 SEM 图 ·················· 100

图 5-8　Co、Ni、Mo 和 O 元素的 SEM 图 ………………………… 101

图 5-9　$CoMoO_4$@$NiMoO_4 \cdot xH_2O$ 核壳结构 …………………… 102

图 5-10　$CoMoO_4$ 纳米线和 $CoMoO_4$@$NiMoO_4 \cdot xH_2O$ 核壳结构的 TEM 照片 ……………………………………………… 103

图 5-11　$CoMoO_4$ 纳米线、$NiMoO_4 \cdot xH_2O$ 纳米片和 $CoMoO_4$@$NiMoO_4 \cdot xH_2O$ 核壳复合结构材料的 XRD ……………… 104

图 5-12　$CoMoO_4$ 纳米线、$NiMoO_4 \cdot xH_2O$ 纳米片、$CoMoO_4$@$NiMoO_4 \cdot xH_2O$ 核壳结构的 N_2 吸脱附曲线 ……………… 105

图 5-13　$CoMoO_4$ 纳米线在三电极体系条件下的电化学性能测试 ……………………………………………………… 106

图 5-14　$NiMoO_4 \cdot xH_2O$ 纳米片电极的电化学性能 …………… 107

图 5-15　$CoMoO_4$@$NiMoO_4 \cdot xH_2O$ 核壳结构电极的电化学性测试 ……………………………………………………… 109

图 5-16　$CoMoO_4$@$NiMoO_4 \cdot xH_2O$ 电极材料在电流密度为 $1 \text{ A} \cdot \text{g}^{-1}$ 循环 3000 次的第一圈和最后一圈的充放电曲线 ……… 112

图 5-17　$CoMoO_4$@$NiMoO_4 \cdot xH_2O$ 在电流密度为 $5 \text{ A} \cdot \text{g}^{-1}$ 时循环 10 000 次的曲线 ………………………………………… 113

图 5-18　$CoMoO_4$@$NiMoO_4 \cdot xH_2O$ 在电流密度为 $5 \text{ A} \cdot \text{g}^{-1}$ 时,循环 10 000 次后的 SEM ……………………………………… 114

图 5-19　$CoMoO_4$@$NiMoO_4 \cdot xH_2O$ 稳定性的研究 ……………… 115

图 5-20　实验中制备的 Fe_2O_3 纳米棒 ………………………… 116

图 5-21　Fe_2O_3 纳米棒的电化学性能测试 ……………………… 116

图 5-22　Fe_2O_3 纳米棒在不同电流密度条件下的比容量 ……… 117

图 5-23　正极材料 $CoMoO_4$@$NiMoO_4 \cdot xH_2O$ 和负极材料 Fe_2O_3 在电流密度为 $5 \text{ A} \cdot \text{g}^{-1}$ 循环 5000 次的稳定性 …………… 119

图 5-24　$CoMoO_4$@$NiMoO_4 \cdot xH_2O$//Fe_2O_3 非对称器件的性能研究 ……………………………………………………… 120

图 5-25　$CoMoO_4$@$NiMoO_4 \cdot xH_2O$//Fe_2O_3 器件在电流密度为 $3 \text{ A} \cdot \text{g}^{-1}$ 时,弯曲不同角度时的稳定性测试 …………… 121

图 5-26　$CoMoO_4$@$NiMoO_4 \cdot xH_2O$//Fe_2O_3 非对称型器件的能量对比 ……………………………………………………… 122

图 5-27　$CoMoO_4$@$NiMoO_4 \cdot xH_2O$//Fe_2O_3 可以驱动 LED ……… 122
图 6-1　实验中样品的实物图片…………………………………… 128
图 6-2　材料的扫描电镜照片和能谱图…………………………… 129
图 6-3　实验样品的扫描电镜照片………………………………… 130
图 6-4　实验样品的透射电镜图和能谱图………………………… 131
图 6-5　实验样品的 EDS 图和 XRD 图 …………………………… 132
图 6-6　材料的电化学性能测试…………………………………… 133
图 6-7　材料的比容量和循环稳定性测试………………………… 135
图 6-8　材料在不同电流密度条件下的循环测试和阻抗………… 135
图 6-9　器件的电化学性能测试…………………………………… 137
图 6-10　实验中的器件在不同电流密度下的充放电、比容量及
　　　　能量对比……………………………………………………… 138

表 2-1　实验所用的化学试剂……………………………………… 20
表 2-2　实验仪器列表……………………………………………… 22
表 3-1　文献中 $CoMoO_4$@MnO_2 与单一的 $CoMoO_4$ 和 MnO_2 电极材料
　　　　的对比………………………………………………………… 50
表 3-2　不同文献 $CoMoO_4$@MnO_2//AC 非对称器件的能量密度与
　　　　本书实验所得能量密度对比……………………………… 59
表 4-1　实验制备的 Co_3O_4@$CoMoO_4$ 纳米松树林的性能与文献对比
　　　　……………………………………………………………… 81
表 5-1　实验制得核壳结构材料的比容量与参考文献对比……… 111
表 6-1　文献中报道的 $CoMoO_4$ 氧化物电极或其他 Co 化合物的比容量
　　　　与本书实验值对比………………………………………… 134

参考文献

[1] YANG L, CHENG S, DING Y, et al. Hierarchical network architectures of carbon fiber paper supported Cobalt Oxide nanonet for high-capacity pseudocapacitors[J]. Nano Lett, 2012(12):321-325.

[2] CHEN H T, XU J, CHEN P C, et al. Bulk synthesis of crystalline and crystalline core/amorphous shell Silicon nanowires and their application for energy storage[J]. ACS Nano, 2011(5):8383-8390.

[3] PARK M H, KIM K, KIM J, et al. Flexible dimensional control of high-capacity li-ion-battery anodes: from 0D hollow to 3d porous germanium nanoparticle assemblies[J]. Adv. Mater., 2010(22):415-418.

[4] CHEN P C, SHEN G Z, SHI Y, et al. Preparation and characterization of flexible asymmetric supercapacitors based on transition-metal-oxide nanowire/single-walled carbon nanotube hybrid thin-film electrodes[J]. ACS Nano, 2010(4):4403-4411.

[5] PECH D. Ultrahigh-power micrometre-sized supercapacitors based on onion-like carbon. nat[J]. Nanotechnol, 2010(5):651-654.

[6] LEE S W. High-power lithium batteries from functionalized carbon-nanotube electrodes[J]. Nat nanotechnol, 2010(5):531-537.

[7] HU C C, CHANG K H, LIN M C. Design and tailoring of the nanotubular arrayed architecture of hydrous RuO_2 for next generation supercapacitors [J]. Nano Letter, 2006, 6(12):2690-2695.

[8] QU Q T, YANG S B, FENG X L. 2D Sandwich-like sheets of iron oxide grown on grapheme as high energy anode material for supercapacitors[J].

Advanced materials, 2011, 23(46):5574-5580.

[9] BAE J. Fiber supercapacitors made of nanowire-fiber hybrid structures for wearable/flexible energy storage[J]. Angew. Chem. Int. Ed., 2011(50): 1683-1687.

[10] DENG D, LEE J Y. Linker-free 3D assembly of nanocrystals with tunable unit size for reversible lithium ion storage [J]. Nanotechnology, 2011 (22):355-401.

[11] MAI L Q. Electrospun ultralong hierarchical vanadium oxide nanowires with high performance for lithium ion batteries[J]. Nano Lett., 2010 (10):4750-4755.

[12] WINTER M, BRODD R J. What are batteries, fuel cells, and supercapacitors[J]. Chemical reviews, 2004, 104 (10):4245-4269.

[13] BURKE A. Ultracapacitors:why, how, and where is the technology[J]. J. Power Sources, 2000, 91(1):37-50.

[14] WANG D W, LI F, LIU M. 3D Aperiodic hierarchical porous graphitic carbon material for high-rate electrochemical capacilive energy storage[J]. Angewandte chemie international edition, 2007, 47(2):373-376.

[15] CENTENO T A, FERNANDEZ J A, STOECKLI F. Correlation between heats of immersion and limiting capacitances in porous carbons [J]. Carbon, 2008(46):1025-1030.

[16] YAN J, WEI T, QIAO W M. A high-performance carbon derived from polyaniline for supercapacitors [J]. Electrochemistry communications, 2010, 12(10):1279-1282.

[17] YOO J J, BALAKRISHNAN K, HUANGJ S. Ultrathin planar graphene supercapacitors[J]. Nano letters, 2011, 11(4):1423-1427.

[18] MUJAWAR S H, AMBADE S B, BATTUMUR T. Elcctropolymerization of polyaniline on titanium oxide nanotubes for supercapacitor application[J]. Electrochimica acta, 2011, 56(12):4462-4466.

[19] NYHOLM L, NYSTROM G, MIHRARIYAN A. Toward flexible polymer

and paper-based energy storage devices[J]. Advanced materials, 2011, 23(33):3751-3769.

[20] LEE J W, AHN T, SOUNDARARAJAN D. Non-aqueous approach to the preparation of reduced grapheme Oxide/a-Ni(OH)$_2$ hybrid composites and their high capacitance behavior[J]. Chemical communications, 2011, 47(22):6305-6307.

[21] YUAN C Z, ZHANG X G, SU L H. Facile synthesis and self-assembly of hierarchical porous NiO Nano/micro spherical superstructures for high performance supercapacitors[J]. Journal of materials chemistry, 2009, 19(32):5772-5777.

[22] MEHER S K, RAO G R. Ultralayered Co$_3$O$_4$ for high-performance supercapacitor applications[J]. Journal of physical chemistry C, 2011, 115(31):15646-15654.

[23] KIM J H, KANG S H, ZHU K. Ni-NiO core-shell inverse opal electrodes for supercapacitors [J]. Chemical communications, 2011, 47(18): 5214-5216.

[24] GHOSH S, INGANAS O. Conducting polymer hydrogels as 3D electrodes: applications for supercapacitors [J]. Advanced materials, 1999, 11(14): 1214-1218.

[25] TRASATTI S, BUZZANCA P. Ruthenium oxide:a new interesting electrode material, solid state structure and electrochemical behavior [J]. Journal of electroanalytical chemistry, 1971(29):1-5.

[26] JUREWICZ K, DELPEUX S, BERTAGNA V, et al. Supercapacitors from nanotubes/polypyrrole composites [J]. Chemical physics letters, 2001, 347(1):36-40.

[27] FAN L, MAIER J. High-performance polypyrrole electrode materials for redox supercapacitors [J]. Electrochemistry communications, 2006, 8(6):937-940.

[28] FAN L, MAIER J. High-performance polypyrrole electrode materials for

redox supercapacitors. Electrochemistry communications, 2006, 8(6): 937-940.

[29] MASTRAGOSTION M, AEVIZZANI C, SOAVI F. Conducting polymers as electrode materials in supercapacitors[J]. Solid state ionics, 2002, 148(3-4):493-498.

[30] GUPTA V, MIURA N. High performance electrochemicals capacitor from electroehemieally synthesized nanostruetured polyaniline[J].Materials letters, 2006(60):1466-1469.

[31] ZHANG J, KONG L B, LI H, et al. Synthesis of poly pyrrole film by pulse galvanostatie method and its applieationassu pereapaeitor electrode materials[J]. Joumal of materials seienee, 2010, 45(7):1947-1954.

[32] BOKLEE. Fast eleetroehemistry of conduetive polymer nanotubes:synthesis, meehanism, and applieation[J]. Aeeounis of chemical research, 2008, 41(6):699-707.

[33] CAO Y Y, MALLOUK T E. Mo hology of template-grown polyaniline nano wires and its effect on the electroehemieal capaeitance of nanowire arrays [J]. Chemistry of materials, 2008, 20(16):5260-5265.

[34] PARK B O, LOKHANDE D C, PARK H S. Performance of supercapacitor with electrodeposited ruthenium oxide film electrodes-effect of film thickness [J]. Journal of power sources, 2004, 134(1):148-152.

[35] KYUNG W N, KWANG B K. A study of the NiO_x electrode via electrochemical route for supercapacitor applications and their charge storage mechanism[J]. Journal of the electrochemical society, 2002, 149(3): 346-354.

[36] LIU J P, JIANG J, CHENG C W. Co_3O_4 Nanowire@ MnO_2 ultrathin nanosheet ore/shell arrays:a new class of high-performance pseudocapacitive materials[J].Advanced materials, 2011(23):2076-2081.

[37] MAI L Q, YANG F, ZHAO Y L. Hierarchical $MnMoO_4/CoMoO_4$ heterostructured nanowires with enhanced supercapacitor performance [J].

Nature communication, 2011(2):381-387.

[38] LIU M C, KANG L, KONG L B. Facile synthesis of NiMoO$_4$·H$_2$O nanorods as a positive electrode material for supercapacitors[J]. RSC advances, 2013(3):6472-6478.

[39] LIU M C, KONG L B, LU C. Facile fabrication of CoMoO$_4$ nanorods as electrode material for electrochemical capacitors[J]. Materials letters, 2013(94):197-200.

[40] HU S, CAO L L, SUN Z L. Application of NiMoO$_4$ nanorods for the direct electrochemistry and electrocatalysis of hemoglobin with carbon ionic liquid electrode[J]. Electroanalysis, 2012(24):278-285.

[41] LIU M C, KONG L B, LU C. Design and synthesis of CoMoO$_4$-NiMoO$_4$·xH$_2$O bundles with improved electrochemical properties for supercapacitors[J]. Journal of materials chemistry A, 2013(1):1380-1387.

[42] Liu M C, Kong L B, Ma X J, et al. Hydrothermal process for the fabrication of CoMoO$_4$·0.9H$_2$O nanorods with excellent electrochemical behavior. [J] New J. chem., 2012, 36:1713-1716.

[43] Xiao T, Heng B J, Hu X Y, et al. In Situ CVD synthesis of wrinkled scale-like carbon arrays on zno template and their use to supercapacitors [J]. J. phys. chem. C, 2011(115):25155-25159.

[44] HE Y B, LI G R, WANG Z L, et al. Single-crystal ZnO nanorod/amorphous and nanoporous metal oxide shell composites: controllable electrochemical synthesis and enhanced supercapacitor performances[J]. Energy environ. sci., 2011(4):1288-1292.

[45] Guo D, Zhang H M, Yu X Z, et al. Facile synthesis and excellent electrochemical properties of CoMoO$_4$ nanoplate arrays as supercapacitors[J]. J. mater. chem. A, 2013(1):7247-7254.

[46] Lackey W J. Application of Sol-Ggel technology to fixation of nuclear-reactor waste[J]. Nucl. tech., 1980, 121(49):321-324.

[47] LILLY R, GALE G D, GUPTA W F, et al. Formation of zinc oxidetitanium

dioxide composite nanoparticles in supercritical water [J]. Ind. engn. chem. res., 2003, 42 (22):5535-5540.

[48] COLBECK I, KAMLAG Y. Preparation of fine particles by spray pyrolysis [J]. J. aerosol sci., 1996, 27(2):395-396.

[49] 王疆英, 贾殿赠, 陶明德. 固体配位化学反应法合成纳米粉体[J]. 功能材料, 1998, 29 (6):598-603.

[50] 沈如娟, 贾殿赠, 乔永民. 纳米氧化锌的固相合成及气敏特性[J]. 无机材料学报. 2001, 6 (16):625-629.

[51] BYRAPPA K, YOSHIMURA M. Handbook of hydrothermal technology [M]. New York :a technology for crystal growth and materials processing, 2001.

[52] SEIYAMA T, KATO A, FULISHI K, et al. A new detector for gaseous components using semiconductive thin films[J]. Anal. chem., 1962, 34 (11):1502-1503.

[53] 柏自奎. 激光微加工纳米气敏传感器阵列制备技术研究[M]. 武汉:华中科技大学, 2005.

[54] SIMON P, GOGOTSI Y. Materials for electrochemical capacitors[J]. Nat. mater, 2008(7):845-854.

[55] MILLER J R, SIMON P. Electrochemical capacitors for energy management [J]. Science magazine, 2008(321):651-652.

[56] HALL P J, MIRZAEIAN M, FLETCHER S. I. Energy storage in electrochemical capacitors:designing functional materials to improve performance [J]. Energy & environmental science, 2010(3):1238-1251.

[57] KONG D, LUO J, WANG Y. Three-dimensional Co_3O_4@ MnO_2 hierarchical nanoneedle arrays:morphology control and electrochemical energy storage [J]. Advanced functional materials, 2014(24):3815-3826.

[58] ZHU Y G, WANG Y, SHI Y. Phase transformation induced capacitance activation for 3D graphene-CoO nanorod pseudocapacitor[J]. Advanced energy materials, 2014(4):1301788.

[59] QU Q, YANG S, FENG X. 2D Sandwich-like sheets of iron oxide grown on graphene as high energy anode material for supercapacitors[J]. Advanced materials, 2011(23):5574-5580.

[60] QU Q, ZHU Y, GAO X. Core-shell structure of polypyrrole grown on V_2O_5 nanoribbon as high performance anode material for supercapacitors[J]. Advanced energy materials, 2012(8):950-955.

[61] ZHUANG X, ZHANG F, WU D. Two-dimensional sandwich-type, graphene-based conjugated microporous polymers[J]. Angewandte chemie, 2013(125):9850-9854.

[62] CHANG J, JIN M, YAO F. Asymmetric supercapacitors based on graphene/MnO_2 nanospheres and graphene/MoO_3 nanosheets with high energy density[J]. Advanced functional materials, 2013(23):5074-5083.

[63] SUN B, JIANG Z, FANG D. One-pot approach to a highly robust iron oxide/reduced graphene oxide nanocatalyst for fischer tropsch synthesis[J]. Chem cat chem, 2013(5):714-719.

[64] HUANG L, CHEN D, DING Y. Nickel-cobalt hydroxide nanosheets coated on $NiCo_2O_4$ nanowires grown on carbon fiber paper for high-performance pseudocapacitors[J]. Nano letters, 2013(13):3135-3139.

[65] HUANG G, ZHANG L, ZHANG F. Metal-organic framework derived Fe_2O_3@$NiCo_2O_4$ Porous nanocages as anode materials for Li-ion batteries[J]. Nanoscale, 2014(6):5509-5515.

[66] XU W, ZHAO K, NIU C. Heterogeneous branched core-shell SnO_2-PANI nanorod arrays with mechanical integrity and three dimentional electron transport for lithium batteries[J]. Nano energy, 2014(8):196-204.

[67] GOODENOUGH J B, KIM Y. Challenges for rechargeable Li batteries[J]. Chemistry of materials, 2009(22):587-603.

[68] CAO Y, XIAO L, WANG W. Reversible sodium ion insertion in single crystalline manganese oxide nanowires with long cycle life[J]. Advanced materials, 2011(23):3155-3160.

[69] WU H, CHAN G, CHOI J W. Stable cycling of double-walled silicon nanotube battery anodes through solid-electrolyte interphase control[J]. Nature nanotechnology, 2012(7):310-315.

[70] YAO Y, LIU N, MCDOWELL M T. Improving the cycling stability of silicon nanowire anodes with conducting polymer coatings[J]. Energy & environmental science, 2012(5):7927-7930.

[71] Wang Y, Guo C, Wang X X, et al. Stable cycling of double-walled silicon nanotube battery anodes through solid-electrolyte interphase control[J]. Energy & environmental science, 2011(4):195-200.

[72] MAIYALAGAN T, DONG X, CHEN P, et al. Electrodeposited Pt on three-dimensional interconnected graphene as a free-standing electrode for fuel cell application [J]. J. mater. chem., 2012(22):5286-5290.

[73] GUAN B, GUO D, HU L. Facile synthesis of $ZnCo_2O_4$ nanowire cluster arrays on Ni foam for high-performance asymmetric supercapacitors[J]. Journal of materials chemistry A, 2014(2):16116-16123.

[74] XU Y, WANG X, AN C. Facile synthesis route of porous $MnCo_2O_4$ and $CoMn_2O_4$ nanowires and their excellent electrochemical properties in supercapacitors[J]. Journal of materials chemistry A, 2014(2):16480-16488.

[75] YU G, XIE X, PAN L. Hybrid nanostructured materials for high-performance electrochemical capacitors[J]. Nano energy, 2013(2):213-234.

[76] YU G, HU L. VOSGUERITCHIAN M. Solution-processed graphene/MnO_2 nanostructured textiles for high-performance electrochemical capacitors[J]. Nano letters, 2011(11):2905-2911.

[77] XIAO X, DING T, YUAN L. WO_{3-x}/MoO_{3-x} core/shell nanowires on carbon fabric as an anode for all-Solid-State asymmetric supercapacitors[J]. Advanced energy materials, 2012(2):1328-1332.

[78] Yuan C, Li J, Hou L, et al. Ultrathin mesoporous $NiCo_2O_4$ nanosheets supported on Ni foam as advanced electrodes for supercapacitors[J]. Adv. funct. mater, 2012(22):4592-4597.

[79] ZHANG G, LOU X W. Controlled growth of NiCo$_2$O$_4$ nanorods and ultrathin nanosheets on carbon nanofibers for high-performance supercapacitors[J]. Sci. rep., 2013(3):1470.

[80] ZHANG G Q, WU H B, HOSTER H E, et al. Single-crystalline NiCo$_2$O$_4$ nanoneedle arrays grown on conductive substrates as binder-free electrodes for high-performance supercapacitors [J]. Energy & environmental science, 2012(5):9453-9456.

[81] KARTHIKEYAN K, KALPANA D, RENGANATHAN N G. Synthesis and characterization of ZnCo$_2$O$_4$ nanomaterial for symmetric supercapacitor applications[J]. Ionics., 2009(15):107-110.

[82] BAO L, ZANG J, LI X. Flexible Zn$_2$SnO$_4$/MnO$_2$ core/shell nanocable-carbon microfiber hybrid composites for high-Performance supercapacitor electrodes [J]. Nano lett., 2011 (11):1215-1220.

[83] YU X Z, LU B G, XU Z. Super long-Life supercapacitors based on the construction of nanohoneycomb-like strongly coupled CoMoO$_4$ - 3D graphene hybrid electrodes[J]. Adv. mater., 2014(26):1044-1051.

[84] RAMKUMAR R, MINAKSHI M. Fabrication of ultrathin CoMoO$_4$ nanosheets modified with Chitosan an 0D their improved performance in energy storage device[J]. Dalton trans., 2015(44):6158-6168.

[85] WANG Y, YU S F, SUN C Y. MnO$_2$/onion-like carbon nanocomposites for pseudocapacitors [J]. Journal of materials chemistry, 2012 (22):17584-17588.

[86] Wei W, Cui X, Chen W. Manganese oxide-based materials as electrochemical supercapacitor electrodes[J]. Chemical society reviews, 2011 (40):1697-1721.

[87] KANG J, HIRATA A, KANG L. Enhanced supercapacitor performance of MnO [J]. Angewandte chemie., 2013(125):1708-1711.

[88] CHEN Z, REN W, GAO L, et al. Three-dimensional flexible and conductive interconnected graphene networks grown by chemical vapour deposition

[J]. Nature mater, 2011(10):424-428.

[89] CHEN W, LI S, CHEN C, YAN L. Self-assembly and embedding of nanoparticles by in situ reduced graphene for preparation of a 3D graphene/nanoparticle aerogel[J]. Adv. mater., 2011(23):5679-5683.

[90] Dong X C, Xu H, Wang X W, et al. 3D araphene-cobalt oxide electrode for high-performance supercapacitor and enzymeless glucose detection[J]. ACS Nano, 2012(6):3206-3213.

[91] HE Y, CHEN W, LI X, et al. Freestanding three-dimensional graphene/MnO_2 composite networks as ultralight and flexible supercapacitor electrodes[J]. ACS nano, 2012(7):174-182.

[92] LIU J P, JIANG J, CHENG C W, et al. Co_3O_4 nanowire@ MnO_2 ultrathin nanosheet core/shell arrays: a new class of high-performance pseudocapacitive materials[J]. Adv. mater, 2011(23):2075-2076.

[93] ZHANG Z, LIU Y, HUANG Z. Facile hydrothermal synthesis of $NiMoO_4$@ $CoMoO_4$ hierarchical nanospheres for supercapacitor applications [J]. Physical chemistry chemical physics, 2015(17):20795-20804.

[94] GOU J, XIE S, LIU Y. et al. Flower-like nickel-cobalt hydroxides converted from phosphites for high rate performance hybrid supercapacitor electrode materials[J]. Electrochimica acta, 2016(1):1256-1261.

[95] He D, Xing S X, Sun B N, et al. Design and construction of three-dimensional flower-like CuO hierarchical nanostructures on copper foam for high performance supercapacitor [J]. Electrochimica acta, 2016(210):639-645.

[96] LI H, CHEN Z X, WANG Y, et al. Controlled synthesis and enhanced electrochemical performance of self-assembled rosette-type Ni-Al layered double hydroxide[J]. Electrochimica acta, 2016(210):15-22.

[97] CAUDA V, PUGLIESE D, GARINO N, et al. Multi-functional energy conversion and storage electrodes using flower-like zinc oxide nanostructures [J]. Energy, 2014(65):639-646.

[98] PUGLIESE D, BELLA F, CAUDA V, et al. A chemometric approach for the sensitization procedure of ZnO flowerlike microstructures for dye-sensitized solar cells[J]. ACS Appl. Mater. interfaces, 2013(5):11288-11295.

[99] NIU F, WANG N, YUE J, et al. Hierarchically Porous $CuCo_2O_4$ microflowers:a superior anode material for Li-ion batteries and a stable cathode electrocatalyst for $Li-O_2$ batteries[J]. Electrochimica acta, 2016(208):148-155.

[100] ZHI M J, MANIVANNAN A, MENG F K, et al. Highly conductive electrospun carbon nanofiber/MnO_2 coaxial nano-cables for high energy and power density supercapacitors [J]. J. power source, 2012 (208):345-353.

[101] Wang B, He X, Li H, et al. Optimizing the charge transfer process by designing Co_3O_4@PPy@MnO_2 ternary core-shell composite[J].Journal of materials chemistry A, 2014(2):12968-12973.

[102] Qiu K W, Lua Y, Zhang D Y, et al. Mesoporous, hierarchical core/shell structured $ZnCo_2O_4$/MnO_2 nanocone forests for high-performance supercapacitors[J]. Nano energy, 2015(11):687-696.

[103] KONG D Z, LUO J S, WANG Y L, et al. Three-dimensional Co_3O_4@MnO_2 hierarchical nanoneedle arrays:morphology control and electrochemical energy storage[J]. Adv. funct. mater, 2014(26):1044-1051.

[104] ZHANG B, LIU Y S, HUANG Z D, et al. Urchin-like $Li_4Ti_5O_{12}$-carbon nanofiber composites for high rate performance anodes in Li-ion batteries [J]. J. mater. chem., 2012(2):12133-12140.

[105] HE Y M, CHEN W J, LI X D, et al, Freestanding three-dimensional graphene/MnO_2 composite networks as ultralight and flexible supercapacitor electrodes[J]. ACS nano, 2013(7):174-182.

[106] HAN J, LI L, FANG P. Ultrathin MnO_2 nanorods on conducting polymer nanofibers as a new class of hierarchical nanostructures for high-perform-

ance supercapacitors[J]. The journal of physical chemistry C, 2011 (116):5900-15907.

[107] ZHU J, HE J. Facile synthesis of graphene-wrapped honeycomb MnO_2 nanospheres and their application in supercapacitors[J]. ACS applied materials & interfaces, 2012(4):1770-1776.

[108] XIA X F, LEI W, HAO Q L, et al. One-step synthesis of $CoMoO_4$/graphene composites with enhanced electrochemical properties for supercapacitors[J]. Electrochimica acta, 2013(99):253-261.

[109] MANDAL M, GHOSH D, GIRI S, et al. Polyaniline-wrapped 1D $CoMoO_4 \cdot 0.75 H_2O$ nanorods as electrode materials for supercapacitor energy storage applications[J]. RSC Adv., 2014(4):30832-30839.

[110] CHOU S L, WANG J Z, CHEW S Y. Electrodeposition of MnO_2 nanowires on carbon npanotube Paper as free-standing, flexible electrode for supercapacitors[J]. Electrochemistry communications, 2008(10):1724-1727.

[111] LEI Z, SHI F, LU L. Incorporation of MnO_2-coated carbon nanotubes between graphene sheets as supercapacitor electrode[J]. ACS applied materials interfaces, 2012(4):1058-1064.

[112] LI M, XU S, CHERRY C. Hierarchical 3-dimensional $CoMoO_4$ nanoflakes on macroporous electrically conductive network with superior electrochemical performance [J]. Journal of materials chemistry A, 2015 (3): 13776-13785.

[113] GUAN C, LIU J P, CHENG C W, et al. Hollow core-shell nanostructure supercapacitor electrodes: gap matters[J]. Energy environ. Sci., 2012 (4):4496-4499.

[114] LI Q, WANG Z L, LI G R, et al. Design and synthesis of MnO_2/Mn/MnO_2 sandwich-structured nanotube arrays with high supercapacitive performance for electrochemical energy storage [J]. Nano letters, 2012 (12):3803-3807.

[115] CHEN S, ZHU J, WU X. Graphene oxide-MnO_2 nanocomposites for su-

percapacitors[J]. ACS nano, 2010(4):2822-2830.

[116] WU Z S, REN W, WANG D W, et al. High-energy MnO_2 nanowire/graphene and graphene asymmetric electrochemical capacitors [J]. ACS nano, 2010(4):5835-5842.

[117] JOTHI P R, SHANTHI K, ALUNKHE S R. Synthesis and characterization of α-$NiMoO_4$ nanorods for supercapacitor application [J]. European journal of inorganic chemistry, 2015(22):3694-3699.

[118] ZHU G, HE Z, CHEN J. Highly conductive three-dimensional MnO_2-carbon nanotube-graphene-Ni hybrid foam as a binder-free supercapacitor electrode[J]. Nanoscale, 2014(6):1079-1085.

[119] CHI K, ZHANG Z, XI J. Freestanding graphene paper supported three-dimensional porous grapheme-polyaniline nanocomposite synthesized by inkjet printing and in flexible all-solid-state supercapacitor[J]. ACS applied materials & interfaces, 2014(6):16312-16319.

[120] CHODANKAR N R, DUBAL D P, GUND G S. Bendable all-solid-state asymmetric supercapacitors based on MnO_2 and Fe_2O_3 thin films[J]. Energy technology, 2015(3):625-631.

[121] JI J, ZHANG L L, JI H. Nanoporous Ni(OH)$_2$ thin film on 3D ultrathin-graphite foam for asymmetric supercapacitor[J]. ACS nano, 2013(7):6237-6243.

[122] TANG Z, TANG C, GONG H. A high energy density asymmetric supercapacitor from nano-architectured Ni(OH)$_2$/Carbon nanotube electrodes [J]. Advanced functional materials, 2012(22):1272-1278.

[123] JIANG H, LI C, SUN T. A green and high energy density asymmetric supercapacitor based on ultrathin MnO_2 nanostructures and functional mesoporous carbon nanotube electrodes[J]. Nanoscale, 2012(4):807-812.

[124] ZHANG H, CAO G P, WANG Z Y, et al. Growth of manganese oxide nanoflowers on vertically-aligned carbon nanotube arrays for high-rate electrochemical capacitive energy storage [J]. Nano Lett, 2008(8):

2664-2668.

[125] QING X X, LIU S Q, HUANG K L, et al. Facile synthesis of Co_3O_4 nanoflowers grown on ni foam with superior electrochemical performance [J]. Electrochim acta, 2011(56):4985-4991.

[126] Xia X H, Tu J P, Mai Y J, et al. Self-supported hydrothermal synthesized hollow Co_3O_4 nanowire arrays with high supercapacitor capacitance[J]. J. Mater. Chem., 2011(21):9319-9325.

[127] GU Z X, WANG R F, NAN H H, et al. Construction of unique Co_3O_4@ $CoMoO_4$ Core/shell nanowire arrays on Ni foam by the action exchange method for high-performance supercapacitors [J]. J. mater. chem. A, 2015(3):14578-14584.

[128] ZHU T, CHEN J S, LOU X W. Shape-controlled synthesis of porous Co_3O_4 nanostructures for application in supercapacitors[J]. J. mater. chem., 2010(20):7015-7020.

[129] ELLIS B L, KNAUTH P, DJENIZIAN T. Three-Dimensional Self-Supported metal Oxides for advanced eergy storage[J]. Adv. mater., 2014 (26):3368-3397.

[130] LIANG K, TANG X Z, HU W C. High-performance three-dimensional nanoporous NiO film as a supercapacitor electrode[J]. J. mater. chem., 2012(22):11062-11067.

[131] SINGH R N, HAMDANI M, KOENIG J F, et al. Thin films of Co_3O_4 and $NiCo_2O_4$ obtained by the method of Chemical spray pyrolysis for electrocatalysis Ⅲ[J]. The electrocatalysis of oxygen evolution. Electrochem, 1990(20):442-446.

[132] WU Y Q, CHEN X Y, JI P T, et al. Sol-gel Approach for controllable synthesis and electrochemical properties of $NiCo_2O_4$ crystals as electrode materials for application in supercapacitors[J]. Electrochim acta, 2011 (56):7517-7522.

[133] GAO Y, MI L W, WEI W T, et al. Double metal ions synergistic effect

in hierarchical multiple sulfide microflowers for enhanced supercapacitor performance[J]. ACS Appl. Mater. Interfaces, 2015(7):4311-4319.

[134] ZHU Y, MURALI S, STOLLER M D, et al. Carbon-Based supercapacitors produced by activation of graphene[J]. Science, 2011(332):1537-1541.

[135] ZHU Y G, WANG Y, SHI Y M, et al. CoO nanoflowers woven by CNT network for high energy density flexible micro-supercapacitor[J]. Nano energy, 2014(3):46-54.

[136] ZHANG Y F, MA M Z, YANG J, et al. Characterization and humidity sensing properties of the sensor based on $Na_2Ti_3O_7$ nanotubes[J]. Nanoscale, 2014(6):4303-4307.

[137] CHEN H, HU L F, YAN Y, et al. Local prediction based adaptive scanning for JPEG and H.264/AVC intra coding[J]. Adv. energy mater, 2013(3):1636.

[138] LIU J P, JIANG J, CHENG C W, et al. Co_3O_4 Nanowire@ MnO_2 ultrathin nanosheet core/shell arrays: a new class of high-performance pseudocapacitive materials[J]. Adv. mater., 2011(23):2076-2081.

[139] CHMIOLA J, YUSHIN G, GOGOTSI Y, et al. Anomalous increase in carbon capacitance at pore sizes less than 1 nanometer[J]. Science, 2006(313):1760-1763.

[140] ARICO A S, BRUCE P, SCROSATI B, et al. Nanostructured materials for advanced energy conversion and storage devices[J]. Nature mater., 2005(4):366-377.

[141] DEORI K, UJJAIN S K, SHARMA R K, et al. Morphology controlled synthesis of nanoporous Co_3O_4 nanostructures and their charge storage characteristics in supercapacitors[J]. ACS appl. mater. interfaces, 2013(5):10665-10672.

[142] INAGAKI M, KONNO H, TANAIKE O. Carbon Materials for Electrochemical Capacitor s [J]. J Power Sources, 2010(195):7880-7903.

[143] SHANG C Q, DONG S, WANG S, et al. Coaxial $NixCo_{2x}(OH)_{6x}$/TiN nanotube arrays as supercapacitor electrodes[J]. ACS nano, 2013(7): 5430-5436.

[144] ZHOU C, ZHANG Y W, LI Y Y, et al. Construction of high-capacitance 3D CoO@Polypyrrole nanowire array electrode for aqueous asymmetric supercapacitor[J]. Nano lett., 2013(13):2078-2085.

[145] YUAN C Z, LI J Y, HOU L R, et al. Ultrathin mesoporous $NiCo_2O_4$ nanosheets supported on Ni foam as advanced electrodes for supercapacitors[J]. Adv. funct. mater., 2012, 22:4592-4597.

[146] Xu J, Wang Q F, Wang X W, et al. Flexible asymmetric supercapacitors based upon Co_9S_8 Nanorod // Co_3O_4@RuO_2 nanosheet arrays on carbon cloth[J]. ACS nano, 2013(7):5453-5462.

[147] Hercule K M, Wei Q L, Khan A M, et al. Synergistic effect of hierarchical nanostructured MoO_2/$Co(OH)_2$ with largely enhanced pseudocapacitor cyclability[J]. Nano lett., 2013(13):5685-5691.

[148] Qiu K W, Lu Y, Zhang D Y, et al. Mesoporous, hierarchical Core/shell structured $ZnCo_2O_4$/MnO_2 nanocone forests for high-performance supercapacitors[J]. Nano energy, 2015(11):687-696.

[149] WANG K, ZHAO C G, MIN S D, et al. Facile synthesis of Cu_2O/RGO/$Ni(OH)_2$ nanocomposite and its double synergistic effect on supercapacitor performance[J]. Electrochimica acta, 2015(165):314-322.

[150] Liang R L, Cao H Q, Qian D. MoO_3 nanowires as electrochemical pseudocapacitor materials[J]. Chem. commun., 2011(47):10305-10307.

[151] Zheng L, Y Xu, Jin D, et al. Well-aligned molybdenum oxide nanorods on metal substrates: solution-based synthesis and their electrochemical capacitor application[J]. J. mater. chem., 2010(20):7135-7143.

[152] GAO Y Y, CHEN S L, CAO D X, et al. Electrochemical capacitance of Co_3O_4 nanowire arrays supported on nickel foam[J]. Journal of power sources, 2010(195):1757-1760.

[153] DUANA B R, CAO Q. Hierarchically porous Co_3O_4 film prepared by hydrothermal synthesis method based on colloidal crystal template for supercapacitor application[J]. Electrochimica acta, 2012(64):154-161.

[154] GUAN C, PING LIU J P, CHENG C W, et al. Nanoporous Walls on macroporous foam: rational design of electrodes to push areal pseudocapacitance[J]. Energy environ. sci., 2012(4):4496-4499.

[155] WANG B, ZHU T, WU H B, et al. Porous Co_3O_4 nanowires derived from long $Co(CO_3)(0.5)(OH) \cdot 0.11H_2O$ nanowires with improved supercapacitive properties[J]. Nanoscale, 2012(4):2145-2149.

[156] ZHU T, CHEN J S, LOU X W. Nanoporous walls on macroporous foam: rational design of electrodes to push areal pseudocapacitance[J]. J. Mater. Chem., 2010(20):7015-7020.

[157] GHOSH D, GIRI S, DAS C K. Synthesis, characterization and electrochemical performance of graphene decorated with 1D $NiMoO_4 \cdot nH_2O$ nanorods[J]. Nanoscale, 2013(5):10428-10437.

[158] XIAO W, CHEN J S, LI C M, et al. Synthesis, characterization, and lithium storage capability of $AMoO_4$(A = Ni, Co) nanorods[J]. Chem. mater., 2010(22):746-754.

[159] Cai D P. Enhanced performance of supercapacitors with ultrathin mesoporous $NiMoO_4$ nanosheets [J]. Electrochimica acta, 2014 (125): 294-301.

[160] Kong L B. Porous cobalt hydroxide film electrodeposited on nickel foam with excellent electrochemical capacitive behavior[J]. J. solid state electrochem., 2011(15):571-577.

[161] Yin, Z X. A Bi_2Te_3@ $CoNiMoO_4$ composite as a high performance bifunctional catalyst for hydrogen and oxygen evolution reactions[J]. J. mater. chem. A, 2015(3):22750-22758.

[162] M LI, XU S, CHERRY C. Hierarchical 3-dimensional $CoMoO_4$ nanoflakes on macroporous electrically conductive network with superior electrochemical performance [J]. Journal of materials chemistry A, 2015 (3):

13776-13785.

[163] CAI D. Comparison of the electrochemical performance of $NiMoO_4$ nanorods and hierarchical nanospheres for supercapacitor applications[J]. ACS applied materials & interfaces, 2013(5):12905-12910.

[164] YIN Z. Hierarchical nanosheet-based $NiMoO_4$ nanotubes: synthesis and high supercapacitor performance[J]. Journal of materials chemistry A, 2015(3):739-745.

[165] WAN H. Rapid microwave-assisted synthesis $NiMoO_4 \cdot H_2O$ nanoclusters for supercapacitors[J]. Materials letters, 2013(108):164-167.

[166] LIU P. Facile synthesis and characterization of high-performance $NiMoO_4 \cdot xH_2O$ nanorods electrode material for supercapacitors. Ionics, 2015(21):2797-2804.

[167] DEMARCONNAY L, RAYMUNDO P, BEGUIN E F. Adjustment of electrodes potential window in an asymmetric carbon/MnO_2 supercapacitor [J]. J. power sources, 2011(196):580.

[168] YAN J. Amorphous $Ni(OH)_2$ three-dimensional Ni core-shell nanostructures for high capacitance pseudocapacitors and asymmetric supercapacitors [J]. J. Adv. funct. mater., 2012(22):2632-2641.

[169] ZHANG B H. Nanowire $Na_{0.35}MnO_2$ from a hydrothermal method as a cathode material for aqueous asymmetric supercapacitors[J]. J. power sources, 2014(253):98-103.

[170] ZHU S J. Flower-like MnO_2 decorated activated multihole carbon as high-performance asymmetric supercapacitor electrodes[J]. Mater. lett., 2014 (135):11-14.

[171] WANG R T, YAN X B, LANG J W, et al. A hybrid supercapacitor based on flower-like $Co(OH)_2$ and urchin-like VN electrode materials [J]. J. mater. chem. A, 2014(2):12724-12732.

[172] MA Z L, HUANG X B, DOU S, et al. One-pot synthesis of Fe_2O_3 nanoparticles on nitrogen-doped graphene as advanced supercapacitor electrode materials[J]. J. phys. chem. C, 2014(118):17231-17239.

[173] QU Q, YANG S, FENG X. 2D Sandwich-like sheets of iron oxide grown on graphene as high energy anode material for supercapacitors[J]. Adv. mater., 2011(23):5574-5580.

[174] YANG P. Low-cost high-performance solid-state asymmetric supercapacitors based on MnO_2 nanowires and Fe_2O_3 nanotubes[J]. Nano lett., 2014(14):731-736.

[175] Chen L F, Yu Z Y, Ma X, et al. In situ hydrothermal growth of ferric oxides on carbon cloth for low-cost and scalable high-energy-density supercapacitors[J]. Nano energy, 2014(9):345-354.

[176] ZHANG G Q, WU H B, HOSTER H E, et al. Single-crystalline $NiCo_2O_4$ nanoneedle arrays grown on conductive substrates as binder-free electrodes for high-performance supercapacitors[J]. Energy environ. sci., 2012(5):9453-9456.

[177] SONG Y Q, QIN S S, ZHANG Y W, et al. Large-scale porous hematite nanorod arrays: direct growth on titanium foil and reversible lithium storage[J]. J. Phys. Chem. C, 2010(114):21158-21164.

[178] HE Y. Constructed uninterrupted charge-transfer pathways in three-dimensional micro/nanointerconnected carbon-based electrodes for high energy-density ultralight flexible supercapacitors[J]. ACS appl. mater. interfaces, 2014(6):210-218.

[179] YU P. Polyaniline nanowire arrays aligned on nitrogen-doped carbon fabric for high-performance flexible supercapacitors[J]. Langmuir, 2013(29):12051-12058.

[180] TANG P, HAN L, ZHANG L. Facile synthesis of graphite/PEDOT/MnO_2 composites on commercial supercapacitor separator membranes as flexible and high-performance supercapacitor electrodes[J]. ACS appl. mater. Interfaces, 2014(6):10506-10515.

[181] YUAN C. Template-engaged synthesis of uniform mesoporous hollow $NiCo_2O_4$ sub-microspheres towards high-performance electrochemical capacitors[J]. RSC advances, 2013(3):18573-18578.

[182] LIU X. Hierarchical NiCo$_2$O$_4$@NiCo$_2$O$_4$ core/shell nanoflake arrays as high-performance supercapacitor materials[J]. ACS applied materials & interfaces, 2013(5):8790-8795.

[183] TANG Z, TANG C H, GONG H. A high energy density asymmetric supercapacitor from nano-architectured Ni(OH)$_2$/carbon nanotube electrodes [J]. Adv. funct. mater., 2012(22):1272-1278.

[184] LU Y, JIANG K, CHEN D, et al. Wearable sweat monitoring system with integrated micro-supercapacitors[J]. Nano energy, 2019(58):624-632.

[185] XIE B Q, YU M Y, LU L H, et al. Pseudocapacitive Co$_9$S$_8$/graphene electrode for high-rate hybrid supercapacitors[J]. Carbon, 2019(141):134-142.

[186] LI X J, DU D F, ZHANG Y, et al. Layered double hydroxides toward high-performance supercapacitors[J]. Journal of materials chemistry A, 2017(5):15460-15485.

[187] KONISHI H, KUCUK A C, MINATO T, et al. Improved electrochemical performances in a bismuth fluoride electrode prepared using a high energy ball mill with carbon for fluoride shuttle batteries[J]. Journal of electroanalytical chemistry, 2019(839):173-176.

[188] CHEN W S, YU H P, LEE S Y, et al. Nanocellulose:a promising nanomaterial for advanced electrochemical energy storage[J]. Chemical society reviews, 2018(47):2837-2872.

[189] QUA Q T, SHI Y, TIAN S, et al. A new cheap asymmetric aqueous supercapacitor:activated carbon//NaMnO$_2$[J]. Journal of power sources, 2009(194):1222-1225.

[190] MILLER J R, SIMON P. Electrochemical capacitors for energy management [J]. Science, 2008, 321(5889):651-652.

[191] CONWAY B E, BIRSS V, WOJTOWICZ J. The role and utilization of pseudocapacitance for energy storage by supercapacitors[J]. Journal of power sources, 1997(66):1-14.

[192] ZHANG Q B, LIU Z C, ZHAO B T, et al. Design and understanding of

dendritic mixed-metal hydroxide nanosheets@ N-doped carbon nanotube array electrode for high-performance asymmetric supercapacitors[J]. Energy storage materials,2019(16):632-645.

[193] ZHANG Q C, XU W W, SUN J, et al. Constructing ultrahigh-capacity zinc-nickel-cobalt oxide@ Ni(OH)$_2$ core-shell nanowire arrays for high-performance coaxial fiber-shaped asymmetric supercapacitors[J]. Nano letters,2017,17(12):7552-7560.

[194] LIU J, JIANG J, CHENG C, et al. Co$_3$O$_4$ nanowire@ MnO$_2$ Ultra thin nanosheet core/shell arrays:a new class of high-performance pseudo-capacitive materials[J]. Advanced materials,2011(23):2076-2081.

[195] ZHANG Q C, XU W W, SUN J, et al. Constructing ultrahigh-capacity zinc-nickel-cobalt oxide@ Ni(OH)$_2$ core-shell nanowire arrays for high-performance coaxial fiber-shaped asymmetric supercapacitors[J]. Nano letters,2017(17):7552-7560.

[196] ZHAO Y H, HE X Y, CHEN R R, et al. A flexible all-solid-state asymmetric supercapacitors based on hierarchical carbon cloth@ CoMoO$_4$@ NiCo layered double hydroxide core-shell heterostructures[J]. Chemical engineering journa 2018,1(352):29-38.

[197] AI Y F, GENG X W, LOU Z, et al. Rational synthesis of branched CoMoO$_4$@ CoNiO$_2$ core/shell nanowire arrays for all-solid-state supercapacitors with improved performance[J]. ACS applied materials & interfaces,2015(7):24204-24211.

[198] JING W, ZHANG L P, LIU X S, et al. Assembly of flexible CoMoO$_4$@ NiMoO$_4$ · xH$_2$O and Fe$_2$O$_3$ electrodes for solid-state asymmetric supercapacitors[J]. Scientific reports,2017(7):41088.

[199] CAI D, WANG D D, LIU B, et al. Comparison of the electrochemical performance of NiMoO$_4$ nanorods and hierarchical nanospheres for supercapacitor applications[J]. ACS applied materials & interfaces,2013(5):12905-12910.

[200] GHOSH D, GIRI S, DAS C K. Synthesis, characterization and electro-

chemical performance of graphene decorated with 1D NiMoO$_4$ · nH$_2$O nanorods[J]. Nanoscale,2013(5):10428-10437.

[201] XIAO W, CHEN J S, LI C M, et al. Synthesis, characterization, and lithium storage capability of AMoO$_4$(A=Ni,Co) nanorods[J]. Chemistry of materials,2010(22):746-754.

[202] LIU M C,KONG L B,LU C,et al. Design and synthesis of CoMoO$_4$-NiMoO$_4$ · xH$_2$O bundles with improved electrochemical properties for supercapacitors[J]. Journal of materials chemistry A,2013(1):1380-1387.

[203] ZHANG Z,LIU Y,HUANG Z,et al. Facile hydrothermal synthesis of NiMoO$_4$@ CoMoO$_4$ hierarchical nanospheres for supercapacitor applications [J]. Physical chemistry chemical physics,2015(17):20795-20804.

[204] GENOVESE M,WU H,VIRYA A,et al. Ultrathin all solid-state supercapacitor devices based on chitosan activated carbon electrodes and polymer electrolytes[J]. Electrochimica acta,2018(273):392-401.

[205] RAMKUMAR R, MINAKSHI M. Fabrication of ultrathin CoMoO$_4$ nanosheets modified with chitosan and their improved performance in energy storage device[J]. Dalton transactions,2015(44):6158-6168.

[206] YANG Q, LIN S Y. Rationally designed nanosheet-based CoMoO$_4$-NiMoO$_4$ nanotubes for high-performance electrochemical electrodes[J]. RSC advances,2016(6):10520-10526.

[207] MANDAL M, GHOSH D, GIRI S, et al. Polyaniline-wrapped 1D CoMoO$_4$ · 0.75 H$_2$O nanorods as electrode materials for supercapacitor energy storage Applications[J]. RSC advances,2014(4):30832-30839.

[208] LI M,XU S,CHERRY C. Hierarchical 3-dimensional CoMoO$_4$ nanoflakes on macroporous electrically conductive network with superior electrochemical performance [J]. Journal of materials chemistry A, 2015 (3): 13776-13785.

[209] YIN Z,ZHANG S,CHEN Y,et al. Hierarchical nanosheet-based NiMoO$_4$ nanotubes:synthesis and high supercapacitor performance[J]. Journal of materials chemistry A,2015(3):739-745.

[210] LIU P, DENG Y, ZHANG Q, et al. Facile synthesis and characterization of high-performance $NiMoO_4 \cdot xH_2O$ nanorods electrode material for supercapacitors[J]. Ionics, 2015(21): 2797-2804.

[211] HUANG K J, WANG L, ZHANG J Z, et al. One-step preparation of layered molybdenum disulfide/multi-walled carbon nanotube composites for enhanced performance supercapacitor[J]. Energy, 2014(67): 234-240.

[212] WANG Z, HONG P, PENG S, et al. $Co(OH)_2$@$FeCo_2O_4$ as electrode material for high performance faradaic supercapacitor application[J]. Electrochimica acta, 2019(299): 312-319.

[213] SUN G, LI B, RAN J, et al. Three-dimensional hierarchical porous carbon/graphene composites derived from graphene oxide-chitosan hydrogels for high performance supercapacitors[J]. Electrochimica acta, 2015(171): 13-22.

[214] LI B, GU P, FENG Y, et al. Ultrathin nickel-cobalt phosphate 2D nanosheets for electrochemical energy storage under aqueous/solid-state electrolyte[J]. Advanced functional materials, 2017(27): 1605784.

[215] RAKHI R B, CHEN W, CHA D, et al. Substrate dependent self-organization of mesoporous cobalt oxide nanowires with remarkable pseudocapacitance[J]. Nano letters, 2012, 12(5): 2559-2567.

[216] JIAO Y, LIU Y, YIN B S, et al. Hybrid $\alpha-Fe_2O_3$@NiO heterostructures for flexible and high performance supercapacitor electrodes and visible light driven photocatalysts[J]. Nano energy, 2014(10): 90-98.

[217] Wang K P, Teng H S. Structural feature and double-layer capacitive performance of porous carbon powder derived from polyacrylonitrile-based carbon fiber[J]. Journal of the electrochemical society, 2007, 154 (11A): 993-998.

[218] XU M W, KONG L B, ZHOU W J, et al. Hydrothermal synthesis and pseudocapacitance properties of $\alpha-MnO_2$ hollow spheres and hollow urchins[J]. The journal of physical chemistry C, 2007, 111(51):

19141-19147.

[219] FAN Z J, YAN J, WEI T, et al. Asymmetric supercapacitors based on graphene/MnO_2 and activated carbon nanofiber electrodes with high power and energy density[J]. Advanced functional materials, 2011, 21(12): 2366-2375.

[220] VENNEKOETTER J B, SENGPIEL R, WESSLING M. Beyond the catalyst: how electrode and reactor design determine the product spectrum during electrochemical CO_2 reduction[J]. Chemical engineering journal, 2019 (364): 89-101.

[221] XIE B Q, YU M Y, LU L H, et al. Pseudocapacitive Co_9S_8/graphene electrode for high-rate hybrid supercapacitors[J]. Carbon, 2019(141): 134-142.

[222] HE Y, CHEN W, ZHOU J, et al. Constructed uninterrupted charge-transfer pathways in three-dimensional micro/nanointerconnected carbon-based electrodes for high energy-density ultralight flexible supercapacitors[J]. ACS applied materials & interfaces, 2013(6): 210-218.

[223] TANG P, HAN L, ZHANG L. Facile synthesis of graphite/PEDOT/MnO_2 composites on commercial supercapacitor separator membranes as flexible and high-performance supercapacitor electrodes[J]. ACS applied materials&interfaces, 2014(6): 10506-10515.

[224] YU P, LI Y, YU X, et al. Polyaniline nanowire arrays aligned on nitrogen-doped carbon fabric for high-performance flexible supercapacitors[J]. Langmuir, 2013(29): 12051-12058.

[225] YUAN C Z, LI J Y, HOU L R, et al. Template-engaged synthesis of uniform mesoporous hollow $NiCo_2O_4$ sub-microspheres towards high-performance electrochemical capacitors[J]. RSC advances, 2013(3): 18573-18578.

[226] LIU X Y, SHI S J, XIONG Q Q, et al. Hierarchical $NiCo_2O_4$@$NiCo_2O_4$ core/shell nanoflake arrays as high-performance supercapacitor materials[J]. ACS applied materials & interfaces, 2013(5): 8790-8795.